Web前端技术丛书

JavaScript
前端开发与实例教程
◆微课视频版◆

崔仲远 王 宁 林新然 张梦飞 著

清华大学出版社

北京

内 容 简 介

JavaScript 是 Web 前端开发必须掌握的编程语言，本书以真实的项目需求为导向，循序渐进、深入浅出地讲解 JavaScript 开发技术。每章均由知识点讲解和案例实践、常见面试题三部分组成，并配套示例源代码、PPT 课件、课后习题答案、同步教学视频、教案、教学大纲等教学资源。

本书共分 13 章。主要内容包括 JavaScript 概述、语法基础、数组、函数、对象、DOM、事件处理、BOM、Ajax 技术、JavaScript 特效综合实例、基于 ECharts 的疫情实时监控系统、Vue 简介和 Vue 基础特性等内容，并提供了新冠肺炎疫情风险等级划分、"2048"游戏、渔夫打鱼晒网、扫雷游戏、高亮显示关键词、留言板、折叠面板、浮现社会主义核心价值观内容、事件监听器、限时秒杀、电影购票、在线网盘、轮播图、网络购物车、放大镜、基于 ECharts 的疫情实时监控系统等大量实用案例。

本书适合 JavaScript 初学者、Web 前端开发人员，也可作为高等院校"Web 前端开发""JavaScript 程序设计""跨平台脚本开发"等课程的教材。

图书在版编目（CIP）数据

JavaScript 前端开发与实例教程：微课视频版 / 崔仲远等著. —北京：清华大学出版社，2022.7 (2024.1重印)
（Web 前端技术丛书）
ISBN 978-7-302-61283-4

Ⅰ. ①J… Ⅱ. ①崔… Ⅲ. ①JAVA 语言－程序设计－教材 Ⅳ. ①TP312.8

中国版本图书馆 CIP 数据核字（2022）第 122447 号

责任编辑：夏毓彦
封面设计：王　翔
责任校对：闫秀华
责任印制：丛怀宇

出版发行：清华大学出版社
　　网　　　址：https://www.tup.com.cn, https://www.wqxuetang.com
　　地　　　址：北京清华大学学研大厦 A 座　　　　　　邮　　编：100084
　　社 总 机：010-83470000　　　　　　　　　　　　邮　　购：010-62786544
　　投稿与读者服务：010-62776969, c-service@tup.tsinghua.edu.cn
　　质 量 反 馈：010-62772015, zhiliang@tup.tsinghua.edu.cn

印 装 者：三河市君旺印务有限公司
经　　销：全国新华书店
开　　本：190mm×260mm　　　　　印　张：15　　　　字　数：404 千字
版　　次：2022 年 8 月第 1 版　　　　印　次：2024 年 1 月第 5 次印刷
定　　价：59.00 元

产品编号：097359-02

前　言

JavaScript 是一种运行在浏览器中的、用于增强网页动态效果、提高与用户交互性的脚本语言，具有动态性、跨平台、基于对象等特点，目前广泛应用在 Web 开发当中，并逐渐成为全球网站使用最多的脚本语言之一。现在，"JavaScript 程序设计"等前端课程已成为大多数高校计算机科学与技术、软件工程、信息管理等专业的一门重要专业课程。

本书编者具有丰富的项目开发经验，以"从项目中来到项目中去"为主旨，从 Web 前端开发的基本概念入手，先后介绍 JavaScript 概述、语法基础、数组、函数、对象、DOM、事件处理、BOM、Ajax 技术、JavaScript 特效综合实例、疫情实时监控系统、Vue 简介和 Vue 基础特性等内容。按照"知识点讲解+示例解析+案例详讲+常见面试题+实践操作"的方式安排全书的章节内容，引导学生从理解到掌握，再到实践应用，有效培养学生的实践应用能力，与新工科的理念相吻合。在案例详解中，按照"案例呈现+案例分析+案例实现"的方式，对前面所学知识点进行实践，使读者能够根据实际功能需求进行编程开发，培养学生的综合应用能力。

本书特色

（1）精选思政元素，通过新冠肺炎疫情风险等级划分、浮现社会主义核心价值观内容、基于 ECharts 的疫情实时监控系统等案例，将"课程思政"元素有机融入教材，积极传递"政"能量，在培养学生软件开发综合能力的同时，引导学生树立正确的价值观。

（2）案例源于真实项目需求。提供了新冠肺炎疫情风险等级划分、2048 游戏、渔夫打鱼晒网、扫雷游戏、高亮显示关键词、留言板、折叠面板、浮现社会主义核心价值观内容、事件监听器、限时秒杀、电影购票、在线网盘、轮播图、网络购物车、放大镜、基于 ECharts 的疫情实时监控系统等大量实用案例，新颖实用，符合时代特色。

（3）每章均介绍章节对应的常见面试题，使学生掌握企业级的知识要求，与社会需求对接。

配套资源与答疑服务

本书为读者提供全部案例源代码、精美 PPT 课件、课后习题答案、视频讲解、思政版教案、思政版教学大纲等教学资源，并有 QQ 学习群，提供线上学习跟踪指导服务。本书配套资源需要用微信扫描下面二维码获取，可按页面提示把链接转发到邮箱中下载。如果阅读过程中发现问题，请联系 booksaga@163.com，邮件主题写"JavaScript 前端开发与实例教程"。

作者与鸣谢

本书第 1、10、11 章由崔仲远编写，第 2 章由张梦飞编写，第 3 章由张宏编写，第 4、5 章由郭丽萍编写，第 6、7 章由林新然编写，第 8、9 章由卢欣欣编写，第 12、13 章由王宁编写，全书由崔仲远统稿。在全书的编写过程中得到了周口师范学院教务处的大力支持以及各位家人的关心和理解，在此一并表示最诚挚的感谢。

本书编写过程中，编者竭尽全力，力求为读者提供最好的教材和教学资源，但由于水平和经验有限，不足和疏漏之处在所难免，恳请各位专家和读者批评指正并提出宝贵意见和建议。

作　者

2022 年 5 月

目　　录

第1章

JavaScript 概述

HTML、CSS 和 JavaScript 是 Web 前端开发的必备技术。开发者使用 HTML 和 CSS 构建一个静态网页之后，可以通过 JavaScript 使网页具有良好的交互性，包括表单验证、实时的内容更新、交互式的地图和响应浏览者的操作等。在学习 JavaScript 之前，读者应先了解 JavaScript 是什么，它都有哪些特点等。本章将介绍 JavaScript 的基本概念、应用场景、发展趋势、组成部分、与其他语言的关系，并编写第一个 JavaScript 程序。

📖 **本章学习目标**

（1）了解 JavaScript 的应用场景、发展趋势和组成部分。

（2）理解 JavaScript 与其他语言的关系。

（3）掌握注释、缩进、分号的使用方法。

（4）掌握并使用 VSCode 开发工具编写第一个 JavaScript 程序。

1.1 JavaScript 是什么

1.1.1 JavaScript 简介

JavaScript 是一种解释型的脚本语言，它诞生于 1995 年，最初是由 Netscape 公司的布兰登·艾奇（Brendan Eich）设计并命名为 LiveScript，在 Netscape 与 Sun 合作之后被命名为 JavaScript。

JavaScript 具有以下特点：

（1）JavaScript 是一种解释型的脚本语言。JavaScript 程序在运行过程中由浏览器中的 JavaScript 引擎逐行解释执行，无须编译。

（2）JavaScript 是一种基于对象的脚本语言，它不仅可以创建对象，也能使用现有的对象。

（3）JavaScript 可跨平台，不依赖于操作系统，仅需要浏览器的支持。JavaScript 程序在编写后可以在任意安装有浏览器的机器上运行。目前，JavaScript 已被绝大多数的浏览器所支持。

1.1.2　JavaScript 应用场景

1. 表单校验

JavaScript 可以在 HTML 表单数据发往服务器前验证其正确性。例如，验证表单数据是否为空，验证输入是否是一个正确的 Email 地址等。

2. 网页特效

JavaScript 可以使网页与用户之间进行动态交互，提高用户体验，从而让用户记忆犹新。例如，网页轮播图、网页放大镜、购票选座和数据可视化等。

3. 数据交互

JavaScript 可以通过 Ajax 技术与服务器交换数据，在不刷新整个页面的情况下，产生局部刷新效果。例如疫实时数据的获取更新等，如图 1-1 所示。

图 1-1　疫情数据的实时获取更新

4. 小程序开发

小程序即用即走、无须下载的特性为用户提供了更便捷的使用方式。JavaScript 是开发小程序必要的编程语言，例如，开发微信小程序和支付宝小程序等。疫情期间，我们使用的健康码、行程码等都是小程序的应用。2020 年 9 月，健康码引擎第一行代码被国家博物馆收藏，同时被收藏的还有团队制作人员的签名。程序员是一个普通的岗位，但是能参与到开发健康码这么有意义的活动中，非常有特殊意义。可以说平凡的岗位做出不平凡的成绩，向开发健康码团队的每一位程序员致敬！

除了以上几个前端的常见应用场景之外，JavaScript 还可以通过 Node.js 进行服务器端程序开发；通过 electron.js 进行桌面应用开发；通过 three.js 呈现交互式 3D 和 2D 图形；通过 Cocos2d、Unity3D、Babylon.js 等引擎开发游戏；通过 Hybrid 和 React-Native 开发移动端 App；通过 Ruff 进行嵌入式开发；通过鸿蒙系统的方舟开发框架进行鸿蒙系统应用程序开发。

鸿蒙系统是华为公司的一款基于微内核、耗时 10 年、4000 多名研发人员投入开发、面向 5G 物联网、面向全场景的分布式操作系统。鸿蒙的英文名是 HarmonyOS（意为和谐）。这是一款中国自己的底层软件系统。华为公司那种敢扛重任、敢啃硬骨头的精神，那种一往无前的必胜信念和决心值得我们学习。鸿蒙系统示意图如图 1-2 所示。

图 1-2　鸿蒙系统示意图

提示：本书主要讲解 JavaScript 在 Web 前端开发中的应用。

1.1.3　JavaScript 发展趋势

全球最大开发者社区 GitHub 发布的 2022 年度 Octoverse 报告中，展示了自 2014 年至 2022 年最受开发者们欢迎的编程语言 top10 热度走势。在 JavaScript、Python、Java、TypeScript、C#、PHP、C++、Ruby、C、Shell 这 10 种编程语言中，JavaScript 连续多年稳居最受欢迎榜首的位置，2022 年度 Octoverse 报告中编程语言 top10 热度走势如图 1-3 所示。

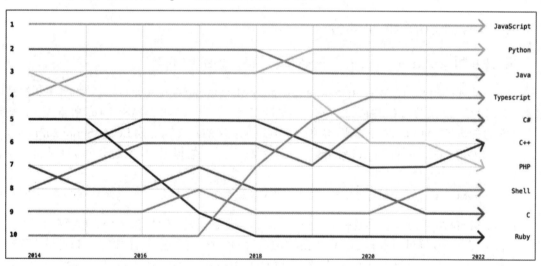

图 1-3　2022 年度 Octoverse 报告中编程语言 top10 热度走势

TIOBE 编程社区是根据互联网上有经验的程序员、课程和第三方厂商的数量，并使用搜索引擎（如 Google、Bing、Yahoo!）以及 Wikipedia、Amazon、YouTube 和 Baidu 统计出排名数据，反映出某种编程语言的热门程度。TIOBE 编程社区排行是编程语言受欢迎程度的指标，索引每月更新一次。JavaScript 语言比较稳定在 top10 中，2023 年 7 月 TIOBE 发布的"编程语言排行榜"，如图 1-4 所示。

Jul 2023	Jul 2022	Change		Programming Language	Ratings	Change
1	1			Python	13.42%	-0.01%
2	2			C	11.56%	-1.57%
3	4	^		C++	10.80%	+0.79%
4	3	v		Java	10.50%	-1.09%
5	5			C#	6.87%	+1.21%
6	7	^		JavaScript	3.11%	+1.34%
7	6	v		Visual Basic	2.90%	-2.07%
8	9	^		SQL	1.48%	-0.16%
9	11	^		PHP	1.41%	+0.21%
10	20	^		MATLAB	1.26%	+0.53%

图 1-4　2023 年 7 月 TIOBE 发布的"编程语言排行榜"

由图 1-3 和图 1-4 可知，JavaScript 是最受开发者欢迎的编程语言之一，并逐渐成为全球网站使用最多的脚本语言。

1.1.4　JavaScript 组成部分

浏览器中的 JavaScript 由以下三个不同的部分组成，如图 1-5 所示。

（1）ECMAScript：ECMA（European Computer Manufacturers Association，欧洲计算机制造商协会）在 1997 年制定了 ECMA-262 标准。该标准定义了一个名为 ECMAScript 的脚本语言，规定了脚本语言的规范，而 JavaScript 则是依照这个规范来实现的，最新版为 ECMAScript 2021。

（2）DOM（Document Object Model，文档对象模型）：它提供访问和操作网页内容的方法和接口。

（3）BOM（Browser Object Model，浏览器对象模型）：它提供与浏览器交互的方法和接口。

ECMAScript 与 Web 浏览器没有依赖关系，Web 浏览器只是 ECMAScript 实现可能的宿主环境之一。宿主环境不仅提供基本的 ECMAScript 实现，同时也会提供该语言的扩展，以便语言与环境之间对接交互。例如，小程序中的 JavaScript 由 ECMAScript、小程序框架、小程序 API 组成，和浏览器中的 JavaScript 相比，小程序中的 JavaScript 没有 BOM 和 DOM 对象。

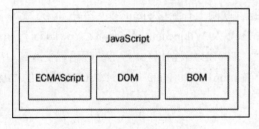

图 1-5　JavaScript 组成部分

提示：本书主要以 ECMAScript 5.1 版本作为核心进行讲解。

1.2 JavaScript 与其他语言

1.2.1 JavaScript 与 HTML、CSS 的关系

HTML、CSS 和 JavaScript 共同构建了我们看到的网页展示和交互。其中 HTML 定义网页的结构，CSS 描述网页的样式，JavaScript 定义网页的行为。它们的关系可以简述为：

HTML 与 CSS、JavaScript 是不同的技术，可以独立存在；HTML 一般需要 CSS 和 JavaScript 来配合使用，否则单一 HTML 文档的功能和展示效果都不理想；CSS 一般是不能脱离 HTML 页面；JavaScript 可以脱离 HTML 和 CSS 而独立存在；JavaScript 可以操作 HTML 和 CSS。

1.2.2 JavaScript 与 Java 的关系

Netscape 公司将 LiveScript 命名为 JavaScript，是因为 Java 是当时最流行的编程语言，带有"Java"的名字有助于这门新生语言的传播。

JavaScript 与 Java 的相同之处包括：它们的语法和 C 语言都很相似；JavaScript 在设计时参照了 Java 的命名规则。

JavaScript 与 Java 的不同之处包括：JavaScript 是解释型语言，Java 是编译型语言；JavaScript 是弱类型语言，Java 是强类型语言；JavaScript 的面向对象是基于原型实现的，Java 是基于类实现的。

1.2.3 JavaScript 与 TypeScript 的关系

TypeScript 是微软公司推出的开源语言，是 JavaScript 类型的超类，可以使用 JavaScript 中的所有代码和编程概念。它是为了使 JavaScript 的开发变得更加容易而创建的。

TypeScript 增加了静态类型、类、模块、接口和类型注解等，可用于开发大型的应用。

TypeScript 代码需要被编译成 JavaScript 才能执行。

1.3 第一个 JavaScript 程序

1.3.1 代码编辑工具 VSCode

JavaScript 程序可以使用任何一种文本编辑器进行编辑，例如 VSCode（Visual Studio Code）、记事本、HBuilder、Sublime 等软件。VSCode 是一款免费开源的现代化轻量级代码编辑器，支持主流开发语言的语法高亮、智能代码补全、自定义热键、括号匹配、代码片段等特性，支持插件扩展，并针对网页开发和云端应用开发做了优化。本书使用 VSCode 作为代码编辑工具。VSCode 软件界面，如图 1-6 所示。

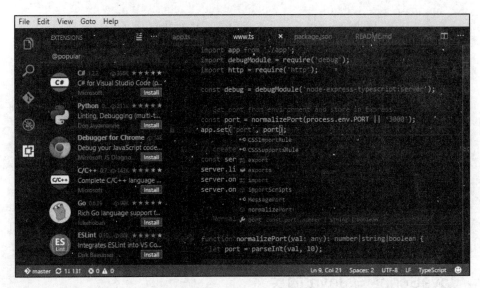

图 1-6　VSCode 软件界面

1.3.2　代码运行工具——浏览器

浏览器是网页运行的平台，常见的浏览器有 Chrome 浏览器、Safari 浏览器、Edge 浏览器和 Firefox 浏览器等。

浏览器最重要的部分是浏览器的内核。浏览器内核是浏览器的核心，也称"渲染引擎"，用来解释网页语法并渲染到网页上。浏览器内核决定了浏览器如何显示网页内容以及页面的格式信息。由于不同的浏览器内核对网页的语法解释不同，因此开发者需要在不同内核的浏览器中测试网页的渲染效果。

浏览器内核可以分成渲染引擎和 JavaScript 引擎两部分。早期渲染引擎和 JavaScript 引擎并没有区分得很明确，随着 JavaScript 引擎越来越独立，现在内核倾向于只指渲染引擎。

渲染引擎负责取得网页的内容、整理信息以及计算网页的显示方式，然后输出至显示器或打印机。常见的渲染引擎有 Chrome 和 Edge 浏览器使用的 Blink、Firefox 浏览器使用的 Gecko、Safari 浏览器使用的 Webkit 等。JavaScript 引擎负责解释和执行 JavaScript 程序。常见的 JavaScript 引擎有 Chrome 浏览器使用的 V8、Firefox 浏览器使用的 SpiderMonkey、Safari 浏览器使用的 JavaScriptCore 和 Edge 浏览器使用的 Chakra 等。

全世界的浏览器虽然有着千千万万种，但浏览器内核却只有 Blink 内核、Webkit 内核、Gecko 内核这三大种类。这些浏览器内核均为美国技术，若是国产浏览器没有自己的内核，那么在庞大的浏览器市场中，能做的终究只是"配角"。国产浏览器要想站上世界舞台，其中一个重要的条件便是拥有自己的内核，只有努力实现关键核心技术自主可控，才能抓住千载难逢的历史机遇，有力支撑科技强国建设。我们应关注中国科技发展现状，树立远大的理想志向，努力成为一名优秀的科研工作者，为中国智造 2025 添砖加瓦。

提示：据调查，Chrome 浏览器占据很大市场份额，应用非常广泛。因此，本书涉及的案例将全部在 Chrome 浏览器中运行演示。2022 年 2 月浏览器市场份额，如图 1-7 所示。

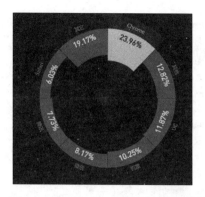

图 1-7　2022 年 2 月浏览器市场份额

1.3.3　在网页中嵌入 JavaScript 代码

CSS 有行内样式表、内部样式表和外部样式表三种方式可以添加到 HTML 页面中，类似地，JavaScript 有行内嵌入、内部嵌入和外部引入三种方式添加到 HTML 页面中。

1. 行内嵌入

行内嵌入是指在元素的事件属性中直接添加 JavaScript 代码。由于结构分离不够彻底，不利于后期维护，复用性不强，因此本书不推荐使用。

【例 1-1】行内嵌入 JavaScript

```
<!DOCTYPE html>
<html lang="en">
<head>
    <meta charset="UTF-8">
    <title>例 1-1 行内嵌入 JavaScript</title>;
</head>
<body>
    <button onclick="alert('我是行内 JavaScript!')">点我</button>
</body>
</html>
```

例 1-1 在 Chrome 浏览器中的运行结果，如图 1-8 所示。

图 1-8　【例 1-1】运行结果

2. 内部嵌入

CSS 使用 `<style></style>`标签为 HTML 文档嵌入内部样式表，JavaScript 使用`<script></script>`标签为 HTML 文档嵌入 JavaScript 程序。开发者在 HTML 文档中插入`<script></script>`标签，然后在

<script></script>标签里面编写 JavaScript 代码。<script></script>标签可以有任意多个。

【例 1-2】内部嵌入 JavaScript

```html
<!DOCTYPE html>
<html lang="en">
<head>
    <meta charset="UTF-8">
    <title>例 1-2 内部嵌入 JavaScript</title>
</head>
<body>
  <script>
      alert('我是内部嵌入 JavaScript');
  </script>
</body>
</html>
```

例 1-2 在 Chrome 浏览器中的运行结果，如图 1-9 所示。

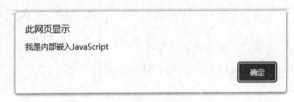

图 1-9　【例 1-2】运行结果

3. 外部引入

CSS 使用<link>标签链接外部样式表，JavaScript 使用<script></script>标签引入外部 JavaScript 文件。开发者首先新建外部 JavaScript 文件，然后在 HTML 文档中使用<script></script>标签引入外部 JavaScript 文件。

【例 1-3】外部引入 JavaScript

```html
<!DOCTYPE html>
<html lang="en">
<head>
    <meta charset="UTF-8">
    <title>例 1-3 外部引入 JavaScript</title>
    <script src="js/demo.js"></script>
</head>
<body>
</body>
</html>
```

demo.js 文件代码，如下所示：

```javascript
alert('我是外部 JavaScript');
```

例 1-3 中，src 属性代表引入 JavaScript 文件的路径。外部 JavaScript 文件具有维护性高、可缓存、方便扩展、复用性高等特点，在项目开发中使用较多。例 1-3 在 Chrome 浏览器中的运行结果，如图 1-10 所示。

图 1-10　【例 1-3】运行结果

1.3.4　注释、缩进、分号

JavaScript 程序和 HTML、CSS 一样，也可以添加注释。注释是对代码的解释和说明文字，目的是为了提高程序的可读性和可维护性。注释主要对程序的功能、创建者、修改者、时间等内容进行说明。在程序执行的时候，JavaScript 引擎会自动忽略注释部分。注释非常有用，而且应该经常使用，尤其在大型应用中。注释分为单行注释和多行注释两类。

1. 单行注释（//）

这种注释方式一次可以注释一行内容。示例如下：

```
<script>
    alert('我是内部嵌入 JavaScript); // 单行注释
</script>
```

2. 多行注释(/**/)

这种注释方式一次可以注释多行内容。示例如下：

```
<script>
/*
    这是多行注释块
    它横跨了多行
*/
    alert('我是内部嵌入 JavaScript);
</script>
```

缩进是代码可阅读性判断的直接因素。JavaScript 程序常使用 Tab 键缩进，可以是 2 个、4 个或 8 个空格缩进。

JavaScript 语句应该以分号结束。虽然大多数浏览器允许不写分号，但是为了使语句不出现歧义，本书推荐在每条语句的结尾处都加上分号。

1.3.5　常用输入/输出语句

JavaScript 输入语句可以获取用户输入的内容。JavaScript 常用输入语句是 prompt()方法，它用于显示可提示用户进行输入的对话框。示例如下：

```
<script>
    prompt("请输入您的国籍","中国");
</script>
```

上述程序在 Chrome 浏览器中的运行结果，如图 1-11 所示。其中第一个参数是在对话框中显示的纯文本，第二个参数是默认的输入文本。用户单击提示框的"取消"按钮，返回空值；单击"确认"按钮，返回输入字段当前显示的文本"中国"。

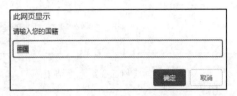

图 1-11 prompt()方法显示对话框

JavaScript 输出语句可以将程序执行结果显示在页面或控制台。JavaScript 常用输出语句如下。

1. alert()方法

alert()方法用于显示带有一条指定消息和一个 OK 按钮的警告框。示例如下：

```
<script>
    alert("面对疫情每个人都是一座城，勤洗手、戴口罩、少出门、少扎堆、不信谣、不传谣!");
</script>
```

上述程序在 Chrome 浏览器中的运行结果，如图 1-12 所示。

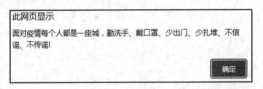

图 1-12 警告框

2. document.write()方法

document.write()方法可向文档写入 HTML 表达式或 JavaScript 代码。示例如下：

```
<script>
    document.write ("生命重于泰山。疫情就是命令，防控就是责任！");
</script>
```

上述程序在 Chrome 浏览器中的运行结果，如图 1-13 所示。

图 1-13 页面输出效果

3. console.log()方法

console.log()方法用于在控制台中输出信息。读者在查看该方法的输出结果时，需要在浏览器中按下 F12 键打开开发人员工具，并切换至 Console 选项卡。示例如下：

```
<script>
    console.log('抗击疫情,中国必胜!')
</script>
```

上述程序在 Chrome 浏览器中的运行结果，如图 1-14 所示。

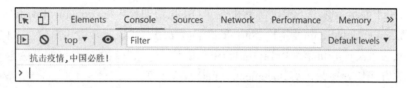

图 1-14　控制台运行结果

1.3.6　在线帮助和资源

1. MDN

MDN 网站是一个提供 Web 技术和促进 Web 技术软件不断发展的学习平台，内容包括：Web 标准（例如：CSS、HTML 和 JavaScript）和 Web 应用开发。

2. W3School

W3School 网站是因特网上最大的 Web 开发者资源，其中包括全面的教程、完善的参考手册以及庞大的代码库。它是完全免费的、非盈利性的，一直在升级和更新，是 W3C（World Wide Web Consortium，万维网联盟）中国社区成员，致力于推广 W3C 标准技术。

1.4　案例：输出"社会主义核心价值观"内容

社会主义核心价值观是中共中央办公厅在 2013 年 12 月 23 日印发的《关于培育和践行社会主义核心价值观的意见》中提出的。党的十八大提出，倡导富强、民主、文明、和谐，倡导自由、平等、公正、法治，倡导爱国、敬业、诚信、友善，积极培育和践行社会主义核心价值观。富强、民主、文明、和谐是国家层面的价值目标，自由、平等、公正、法治是社会层面的价值取向，爱国、敬业、诚信、友善是公民个人层面的价值准则，这 24 个字是社会主义核心价值观的基本内容。

1. 案例呈现

本节实现在 Chrome 浏览器中输出"社会主义核心价值观"的文本内容，如图 1-15 所示。

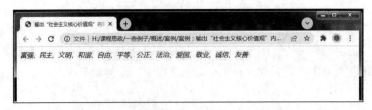

图 1-15　输出"社会主义核心价值观"效果

2. 案例分析

alert()方法用于显示带有一条指定消息和一个 OK 按钮的警告框。document.write()方法可向文档写入 HTML 表达式或 JavaScript 代码。console.log()方法用于在控制台中输出信息。由图 1-15 可见是在页面输出社会主义核心价值观内容，因此应使用 document.write()方法，将社会主义核心价值观内容以字符串的方式作为参数传给 document.write()方法即可。

3. 案例实现

经过以上分析，本案例的完整代码如下。

```
<!DOCTYPE html>
<html lang="en">
<head>
    <meta charset="UTF-8">
    <title>输出"社会主义核心价值观"内容</title>
</head>
<body>
<script>
    // em 标签表示强调文本，不是必须的
    document.write("<em>富强、民主、文明、和谐、自由、平等、公正、法治、爱国、敬业、诚信、友善</em>");
</script>
</body>
</html>
```

1.5　本章小结

本章首先介绍了 JavaScript 是什么以及它和其他语言的关系，然后编写了第一个 JavaScript 程序，最后通过案例"输出社会主义核心价值观内容"讲解了编辑器和注释、缩进、分号以及输入输出语句的用法。本章可使读者初步了解 JavaScript，为后续章节的学习奠定基础。

1.6　本章常见面试题

1. JavaScript 代码放在 head 和 body 中的区别？

（1）JavaScript 代码写在<head>里面：浏览器解析 HTML 文档是从上向下的。JavaScript 代码

先被解析，但这时候 body 还没有解析，所以一般都会绑定 window 对象的 onload 事件及其处理程序，当全部的 HTML 文档解析完成之后，再执行 JavaScript 代码。

（2）JavaScript 程序写在 <body> 里面：这里可以放函数也可以放立即执行的语句，但是如果需要和网页元素互动（比如获取某个元素），JavaScript 代码需要写在标签的后面。

（3）JavaScript 程序写在 <body> 后面：这时候整个网页已经加载完毕了，所以这里最适合放需要立即执行的命令，而自定义函数之类的代码则不适合。

2. 简述 ECMAScript 与 JavaScript 的关系。

ECMA（European Computer Manufacturers Association，欧洲计算机制造商协会）在 1997 年制定了 ECMA-262 标准。该标准定义了一个名为 ECMAScript 的脚本语言，规定了脚本语言的规范，而 JavaScript 则是依照这个规范来实现的，ECMAScript 最新版为 ECMAScript 2021。

JavaScript 是 ECMAScript 的一种实现，浏览器中的 JavaScript 由 ECMAScript、DOM 和 BOM 三部分组成。

3. 简述 HTML、CSS、JavaScript 三者的关系和职能划分。

HTML、CSS、JavaScript 共同构建了网页展示和交互。HTML 定义网页的结构，CSS 描述网页的样式，JavaScript 定义网页的行为。

HTML 与 CSS、JavaScript 是不同的技术，可以独立存在；HTML 一般需要 CSS 和 JavaScript 来配合使用，否则单一 HTML 文档无论是功能还是展示上效果都不理想；CSS 一般是不能脱离 HTML 存在的；JavaScript 可以脱离 HTML 和 CSS 而独立存在。

4. JavaScript 引擎的主要功能是什么？

（1）编译。把 JavaScript 代码翻译成机器能执行的字节码或机器码。

（2）优化。改写代码，使其高效。

（3）执行。执行上面的字节码或者机器码。

（4）垃圾回收。把 JavaScript 用完的内存回收，方便之后再次使用。

1.7　实践操作练习题

新建 HTML 页面，分别使用内部方式和外部引入方式嵌入 JavaScript 代码，在 Chrome 浏览器控制台中输出与抗疫精神有关的正能量语句，效果如图 1-16 所示。

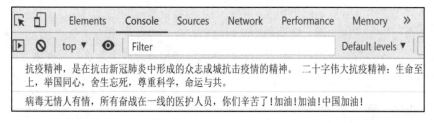

图 1-16　练习题效果

第 2 章

JavaScript 语法基础

如果把掌握一门计算机语言比作修建一座宏伟的大厦，那么语法基础就像是大厦的地基，是掌握好这门语言的前提，JavaScript 语言也不例外。读者必须首先掌握 JavaScript 语法基础，才能熟练运用 JavaScript 语言进行前端开发。本章将主要介绍 JavaScript 变量、数据类型、运算符、表达式、流程控制、代码调试等语法基础。

📖 本章学习目标

（1）掌握 JavaScript 变量、数据类型、运算符、表达式的语法。
（2）掌握代码调试的方法。
（3）掌握使用流程控制语句解决"新冠肺炎疫情风险等级划分"程序设计等实际问题的方法。

2.1 变　　量

JavaScript 用变量保存在程序执行过程中可能发生变化的数据。为了便于区分每个变量，开发者可以给每个变量起一个简洁明了、容易记住的名字，也就是"变量名"。变量名指向计算机内存中的某个地址，真正的数据存储在内存中。这和日常生活中取快递的过程存在相似之处。

在日常生活中，当快递被送到快递超市后，快递超市会给顾客发送一个"提货码"，之后顾客可以通过出示"提货码"给快递超市的服务人员，从而拿到自己的快递。在这个过程中，"快递超市"相当于"内存"，顾客在网上购买的物品相当于存在"内存"中的"变量"，"提货码"相当于"变量名"，顾客不需要知道自己的"物品"存在快递超市的哪个角落，只要通过"提货码"就可以找到自己的"物品"。

2.1.1 声明变量

JavaScript 声明变量的语法有以下几种方式。

（1）使用关键字 var 可以一次声明一个或多个变量，不同变量间使用逗号隔开。示例如下：

```
var age;// 一次声明一个变量
var age,userName,gender;// 一次声明多个变量
```

var 是 JavaScript 关键字，用来声明变量。使用该关键字声明变量后，计算机会自动为变量分配内存空间。age、userName、gender 代表变量名，开发者可以通过变量名来访问变量在内存中分配的空间。

（2）声明变量时可以不初始化，此时其值默认为 undefined，也可以在声明变量的同时初始化变量。示例如下：

```
var age = 20;// 声明的同时初始化变量
var age = 20,userName,gender = '男';// 声明的同时初始化部分变量
var age = 20,userName = '冰墩墩',gender = '男'; //声明的同时初始化全部变量
```

运算符"="把右边的值赋给左边的变量存储空间中，此处代表赋值的意思。变量值是保存到变量存储空间里的值。

（3）声明变量时不初始化，使用赋值语句赋值。示例如下：

```
var age;// 声明变量 age，没有初始化
age = 20;// 将变量 age 赋值为 20
```

（4）不使用关键字 var 声明，直接使用变量。本书不建议这样声明，通常的做法是在使用变量前先声明。示例如下：

```
age = 20;// 没有使用 var 声明，直接给变量 age 赋值为 20
console.log(age);// 输出：20
```

提示：JavaScript 声明变量时可以不初始化，但对变量进行初始化是一个良好的编程习惯。

2.1.2　变量命名规则与规范

项目开发中，需要自定义一些符号来代表一些名称，如变量名、函数名、数组名、对象名等，这些符号称为标识符。JavaScript 中标识符的定义需要遵循以下规则。

（1）第一个字符必须是字母、下划线或美元符号，其后的字符可以是字母、数字、下划线或美元符号。

（2）不能包含空格。

（3）不能包含"+""-""@""#"等特殊字符。

（4）不能和 JavaScript 中的关键字及保留字同名。

（5）区分大小写。

关键字是指 JavaScript 中一些带有特殊含义的名称，它们是语言结构的一部分。保留字是指当前 JavaScript 版本中没有用到，但是将来可能用到的关键字。JavaScript 中常见关键字和保留字如表 2-1 和表 2-2 所示。

表2-1　JavaScript常见关键字

break	case	catch	continue	delete
default	debugger	do	else	finally
for	function	if	instanceof	in
new	return	switch	throw	this
try	typeof	var	void	while

表2-2　JavaScript常见保留字

abstract	boolean	char	class	double
export	extends	final	float	goto
import	int	interface	long	native
public	protected	private	package	super

变量命名，示例如下：

```
var var;// 错误。var 是关键字
var 1name;// 错误。变量名不能以数字开头
var user name;// 错误。变量名不能包含空格
var $userName;// 正确
var user+Name;// 错误。变量名不能包含"+""-""@""#"等特殊字符
var userName; // 正确
var UserName; // 正确。userName 和 UserName 是不同的两个变量名
```

变量命名时，不仅要遵守命名规则，还要遵循命名规范。命名规范是一种约定，也是程序员之间良好沟通的桥梁。

变量命名时，可以采用一些常见的命名法，例如驼峰式命名法和帕斯卡命名法。

（1）驼峰式命名法。第一个单词以小写字母开始，从第二个单词开始以后的每个单词首字母都采用大写字母，例如 myFirstName、myLastName。

（2）帕斯卡命名法。帕斯卡命名法的每个单词首字母均大写，例如 MyFirstName、MyLastName。

变量命名时，尽量遵循以下规范。

（1）使用简单易识别的单词。比如需要为"成绩"起名，可以用 score 表示。

（2）描述要准确，符合语义，以清晰为主、简洁为辅。比如 value 和 data 都表示一个值，但是并不知道它代表的是什么值，应起见名识义的名字，例如 inputValue 和 outputData。

提示：良好的命名规范可以为团队合作开发推波助澜，无论在项目开发，还是产品维护上都起到了至关重要的作用。像遵守命名规则和规范一样，我们在日常生活中要遵守相应的制度与规定，并用以约束和指导自己的行为，成为合格的社会公民。

2.1.3　使用变量

使用变量时，有以下 3 种特殊情况。

（1）变量声明时没有初始化直接使用，此时变量的值是 undefined。示例如下：

```
var age;// 声明变量 age，没有初始化
console.log(age);// 输出：age 的值是 undefined
```

（2）变量没有声明，直接使用会报错。

```
console.log(age);// 没有声明变量 age，输出 age 的值
```

上述代码在 Chrome 浏览器控制台中的报错信息，如图 2-1 所示。

```
❌ ▶ Uncaught ReferenceError: age is not defined
```

图 2-1　Chrome 浏览器控制台中的报错信息

（3）尽量不使用 name 作为变量名。JavaScript 中 name 既不是保留字，也不是关键字，因此用作变量时并不会报错。但 Firefox、Safari、Chrome 和 Opera 等浏览器内置了一个非标准的 name 属性，因此在这些浏览器中不能使用 name 作为变量名。

2.2　数据类型

在计算机中，不同的数据占用的存储空间是不同的。变量的数据类型决定了如何将变量的值存储到计算机的内存中，所有变量都具有数据类型。JavaScript 是一种弱类型语言，声明变量时不需要指明数据类型，变量的数据类型由所赋的值的类型决定。

2.2.1　数据类型分类

JavaScript 把数据类型分为基本数据类型和复杂数据类型（复杂数据类型也称为引用数据类型）两类。基本数据类型包含了 number（数字）类型、string（字符串）类型、boolean（布尔）类型、undefined（未定义）类型、null（空）类型；复杂数据类型就是对象类型，包含了对象、数组、函数。数据类型划分示意图，如图 2-2 所示。

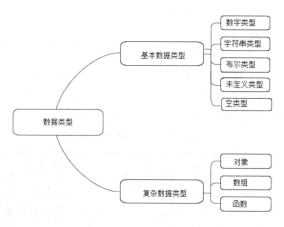

图 2-2　数据类型分类

本小节介绍基本数据类型，后续章节将分别介绍复杂数据类型。

1. number（数字）类型

数字类型用于存储数字。数字可分为整型和浮点型，整型用于表示整数，浮点型用于表示小数。示例如下：

```
var age = 21; // 整数
var salary = 2000.3; // 小数
```

数字类型有 Infinity、-Infinity 和 NaN（Not a Number）三个特殊值，分别代表正无穷大、负无穷大和非数字。JavaScript 提供了 isFinite()和 isNaN()函数，用于判断当前变量是否为有限数值和非数字（这些函数介绍详见函数章节）。示例如下：

```
var age = 21; // 整数
var salary = 2000.3; // 小数
console.log(3/0);// 输出: Infinity
console.log(-3/0); // 输出: -Infinity
var age; // 声明变量 age，没有初始化默认值是 undefined
console.log(age+3); // 输出: NaN
```

2. string（字符串）类型

字符串类型是一个连续的字符序列，可以是计算机能够表示的任何字符序列。JavaScript 通过使用单引号或者双引号表示字符串。由于 HTML 标签里面的属性使用的是双引号，本书推荐使用单引号表示字符串。示例如下：

```
var strMsg = "爱我中华"; // 使用双引号表示字符串
var strMsg2 = '爱我中华'; // 使用单引号表示字符串
var strMsg3 = 爱我中华; // 错误，缺少引号
```

需要注意的是，JavaScript 可以用单引号嵌套双引号，或者用双引号嵌套单引号。示例如下：

```
// 用单引号嵌套双引号
var strMsg4 = '从政府工作报告看稳就业的"组合拳" ';
// 用双引号嵌套单引号
var strMsg5 = " '祝融'探火, '羲和'逐日, '天和'遨游星辰";
// 错误。单双引号需搭配
var strMsg6 = '对高校毕业生'要加强就业创业政策支持和不断线服务'';
```

JavaScript 的反斜杠（\）有着特殊的用途，通过它和一些字符的组合使用，可以在字符串中包括一些无法直接键入的字符，或改变某个字符的原义。反斜杠（\）称为转义字符，例如\n 表示的是换行符，可实现换行功能。JavaScript 常用的转义字符如表 2-3 所示。

表2-3 常用的转义字符

转义字符	描　述	转义字符	描　述
\n	换行符	\"	双引号
\\	反斜杠符	\b	退格符
\t	水平制表符	\r	回车符
\'	单引号	\f	换页符

转义字符的应用，示例如下：

```
var strMsg = " 把\"国之大者\"作为\"责之重者\"，把\"民之关切\"作为\"行之所向\" ";
alert(strMsg);
```

上述代码在 Chrome 浏览器中的运行结果，如图 2-3 所示。

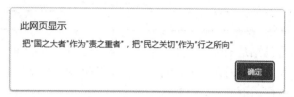

图 2-3　转义字符的使用

从图 2-3 可知，输出字符串中的双引号，除了可以使用单引号嵌套双引号方法外，还可以在双引号里面使用转义字符。

3. boolean（布尔）类型

布尔类型表示真或假、是或否，只有 true 和 false 两个值，true 表示"真"，false 表示"假"，区分大小写。示例如下：

```
var foo = true;// 正确
var bar = false; // 正确
var foo = TRUE; // 错误。TRUE 没有定义
var bar = FALSE; // 错误。FALSE 没有定义
```

提示：布尔类型在程序中通常用于流程控制语句中判断条件是否成立，例如 if-else 语句。

4. undefined（未定义）类型

如果 var 关键字声明一个变量，但没有对其赋值，此变量的数据类型是 undefined。示例如下：

```
var age; // 声明变量 age，没有初始化，默认值是 undefined
```

5. null（空）类型

空类型用于定义空的或不存在的引用。示例如下：

```
var obj = null; // 声明变量 obj，初始值是 null
```

2.2.2　数据类型检测

JavaScript 使用运算符 typeof 来检测变量或值的数据类型，返回值是代表数据类型的字符串。typeof 返回值如表 2-4 所示。

表2-4　typeof返回值

typeof 操作数	返 回 值
typeof　10	number
typeof　NaN	number

（续表）

typeof 操作数	返 回 值
typeof '10'	string
typeof true	boolean
typeof undefined	undefined
typeof null	object

typeof 检测 null 时，结果是 object 对象类型，这是 JavaScript 留下的历史遗留问题。JavaScript 进行数据底层存储的时候用二进制存储，它的前三位代表存储的数据类型，而 000 是代表 object 类型，也就是引用类型的数据。由于 null 全是 0，所以它符合 object 类型的存储格式，因此 typeof 检测的时候输出 object。

2.2.3 数据类型转换

不同类型的数据在一起参与运算时，有时需要进行数据类型转换。JavaScript 数据类型转换可以分为自动类型转换和强制类型转换两种。

1. 自动类型转换

自动类型转换并不会改变操作数本身的类型，改变的仅仅是这些操作数如何被求值以及表达式本身的类型。

（1）其他类型转布尔型

其他类型转换为布尔型时，会被看作 false 的数据，如表 2-5 所示。其他数据会被视为 true。

表2-5　其他类型转布尔型

需要转换的数据	布 尔 值
0	false
0.0	false
"	false
null	false
undefined	false
NaN	false

其中，浮点型 0.0 后面无论添加多少个 0，值均为 false；空字符串的值为 false，但包含一个空格的非空字符串的值为 true。

（2）其他类型转数字型

布尔型和数字型进行算术运算时，true 会自动转换为 1 参与运算，false 会自动转换为 0 参与运算。示例如下：

```
var foo = true;
console.log(foo+3); // 输出：4
console.log(true*3); // 输出：3
```

undefined 参与算术运算时结果为 NaN。示例如下：

```
var age; // 声明变量 age，没有初始化，默认值是 undefined
console.log(age+3); // 输出：NaN
```

null 参与算术运算时转换为 0。示例如下：

```
var obj = null; // 声明变量 obj，初始值是 null
console.log(obj+3); // 输出：3
```

如果运算符为-、*、/、%中的任意一个，JavaScript 会自动将字符串转换为数字，对无法转换的则转换为 NaN。示例如下：

```
console.log("15"-5); // 输出：10
console.log("2"*5); // 输出：10
console.log("15"-"a"); // 输出：NaN
```

（3）其他类型转字符串型

如果表达式中存在字符串类型和其他类型数据，而运算符使用加号"+"，JavaScript 会自动将其他类型转换为字符串，并将两个字符串拼接在一起。示例如下：

```
console.log("20"+2); // 输出：202
var age = 100;
// 输出：2021 年是中国共产党成立 100 周年
console.log('2021 年是中国共产党成立'+age+'周年');
var variable = undefined;
console.log(variable + '你好'); // 输出：undefined 你好
```

2. 强制类型转换

强制类型转换可以把一种数据类型强制转为另一种数据类型，JavaScript 中强制类型转换主要通过调用 Number()、parseFloat()和 parseInt()等函数来实现，具体内容详见函数章节。

2.3　运算符和表达式

运算符也被称为操作符，是用于实现赋值、比较和执行算术运算等功能的符号。JavaScript 运算符主要包括：算术运算符、递增和递减运算符、赋值运算符、比较运算符、逻辑运算符、条件运算符等。表达式是由数字、运算符、变量等组成的有返回值的式子。

2.3.1　算术运算符

算术运算符主要用于处理加、减、乘、除和取模等数学运算，JavaScript 常用算术运算符如表 2-6 所示。

表2-6　算术运算符

运 算 符	描　述	示　例
+	当操作数全部为数字类型时执行加法运算；当操作数存在字符串时执行字符串连接操作	1 + 2 // 执行加法运算，结果为：3 "1" + 2 //执行字符串连接操作，结果为："12"
−	减法运算	1 - 2 // 执行减法运算，结果为：−1
*	乘法运算	1 * 2 // 执行乘法运算，结果为：2
/	除法运算	1 / 2 // 执行除法运算，结果为：0.5
%	取模运算	1 % 2 // 执行取模运算，结果为：1

运算符 "+" 和 "-" 可以将其他类型转换为数值型，示例如下：

```
var age = "20";
console.log(typeof +age);// 输出: number
```

JavaScript 采用 IEEE754 的双精度标准，在计算机内部存储数据的编码时，0.1 在计算机内部不是精确的 0.1，而是有舍入误差的。因此不能直接判断两个浮点数是否相等，可以根据业务对精度的要求用差值来间接判断，比如差值小于 0.0005 视为相等。示例如下：

```
console.log(0.1+0.2);// 输出: 0.30000000000000004
```

2.3.2　递增和递减运算符

递增运算符 "++" 和递减运算符 "−−" 只接收一个操作数，根据操作数和运算符的相对位置不同，分为前递增、后递增、前递减、后递减四种情况，如表 2-7 所示。

表2-7　递增和递减运算符

示　例	描　述	作　用
++a	前递增	a 先加 1，再返回值
a++	后递增	先返回 a 的值，a 再加 1
−−a	前递减	a 先减 1，再返回值
a−−	后递减	先返回 a 的值，a 再减 1

【例 2-1】递增运算

```
var num = 18;
var res1 = ++ num;
var age = 18;
var res2 = age++;
console.log("num 的值是:"+num);
console.log("age 的值是:"+age);
console.log("res1 的值是:"+res1);
console.log("res2 的值是:"+res2);
```

例 2-1 在 Chrome 浏览器控制台中的输出结果，如图 2-4 所示。由输出结果可知，无论操作数在运算符的前面还是后面，通过自增运算后，操作数本身加 1。区别主要体现在给其他变量赋值时，前递增运算会把操作数加 1 后的值赋给变量 res1；后递增会先把操作数的值赋给变量 res2，然后操作数加 1。递减运算符和递增运算符的用法相同，不再赘述。

```
num的值是:19

age的值是:19

res1的值是:19

res2的值是:18
```

图 2-4　【例 2-1】输出结果

2.3.3　赋值运算符

赋值运算符"="把右侧表达式的值赋给左边的操作数。JavaScript 赋值运算符，如表 2-8 所示。

表2-8　赋值运算符

运 算 符	描　述	举　例
=	赋值	a=b，把 b 的值赋给 a
+=	加等于	a+=b，等价于 a=a+b
-=	减等于	a-=b，等价于 a=a-b
*=	乘等于	a*=b，等价于 a=a*b
/=	除等于	a/=b，等价于 a=a/b
%=	模等于	a%=b，等价于 a=a%b

2.3.4　比较运算符

比较运算符用于对两个操作数进行比较，比较的结果为真时返回 true，结果为假时返回 false。JavaScript 比较运算符，如表 2-9 所示。

表2-9　比较运算符

运 算 符	名　称	示　例	结　果
<	小于	a < b	a 小于 b 时，返回 true
>	大于	a > b	a 大于 b 时，返回 true
<=	小于或等于	a <= b	a 小于或者等于 b 时，返回 true
>=	大于或等于	a >= b	a 大于或者等于 b 时，返回 true
==	等于	a == b	a 等于 b 时，返回 true
!=	不等	a != b	a 不等于 b 时，返回 true
===	全等	a === b	a 和 b 的值和类型都相同时，返回 true
!==	不全等	a !== b	a 和 b 的值或类型不同时，返回 true

【例 2-2】比较运算符

```
console.log(1 == "1");// true。字符串"1"先转换为数字1再和1比较
console.log(1 === "1");// false。字符串"1"和数字1类型不同
console.log(NaN == NaN); // false。NaN 不等于任何值
console.log(0.1 + 0.2 == 0.3); // false。由于精度问题 0.1 + 0.2 不等于 0.3
console.log(0.1 * 10 + 0.2 * 10 == 0.3 * 10); // true。转换为比较 1+2 == 3
```

```
console.log(1 == true); // true。布尔型先转换为数字 1 再比较
console.log('21' < '15'); // false。字符串比较是按照每一位的 Unicode 码进行比较
console.log('21' < 15); // false。字符串"21"先转换为数字 21 再和 15 比较
```

例 2-2 在 Chrome 浏览器控制台中的输出结果，如图 2-5 所示。由输出结果可知，如果进行比较的两个操作数类型不同时，除了"==="和"!=="之外，其他操作符会自动将字符串类型数据转换为数字类型之后再比较。全等运算符"==="只有当两个操作数的类型和值均相等时，结果才为true。

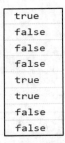

图 2-5 【例 2-2】输出结果

2.3.5 逻辑运算符

逻辑运算符可以把两个或多个表达式连接成一个表达式，或使表达式的逻辑反转。JavaScript常用逻辑运算符，如表 2-10 所示。

表2-10 逻辑运算符

运 算 符	名 称	示 例	说 明
&&	逻辑与	a && b	a 和 b 都为 true 时，结果为 true
||	逻辑或	a || b	a 或 b 任一为 true 时，结果为 true
!	逻辑非	! a	将 a 的值转换为布尔值并取反

（1）逻辑&&运算符执行与运算，遵循以下两条规则。

① 如果"&&"运算符左边的表达式为 true 或代表真的值，将继续进行右边表达式的计算，最终结果返回右边表达式的值。

② 如果"&&"运算符左边的表达式为 false 或代表假的值，将不会进行右边表达式的计算，最终结果返回左边表达式的值。该规则也称为"短路"规则。

【例 2-3】逻辑&&运算符

```
console.log(true && false); // 输出：false
console.log(1 && 6); // 输出：6
console.log(0 && 6); // 输出：0
console.log(1 == 1 && 6); // 输出：6
console.log('a' && 'c'); // 输出：'c'
console.log(null && 6); // 输出：null
console.log(NaN && 6); // 输出：NaN
console.log(undefined && 6); // 输出：undefined
console.log(0 && 1 && 6 ); // 输出：0
```

```
console.log(1 && 2 && 3); // 输出: 3
```

例 2-3 在 Chrome 浏览器控制台中的输出结果，如图 2-6 所示。由输出结果可知，逻辑与表达式的值既可以是布尔值，也可以不是布尔值。如果第一个表达式的值为真，则返回第二个表达式的值，如果第一个表达式的值为假，则返回第一个表达式的值。

图 2-6　【例 2-3】输出结果

提示：JavaScript 程序中表达 "1<x<9" 的逻辑关系时，应写作 "1<x && x<9"。"1<x<9"
相当于 "var temp=1<x; temp<9;"，其中 "1<x" 的返回值是 true 或 false，"temp<9"
中的比较运算符 "<" 会将布尔型 temp 转换为数字和 9 比较，true 转换为 1, false
转换为 0, 因此无论 x 是多少，"temp < 9" 恒成立，因此 "1<x<9" 返回结果
始终都是 true。

（2）逻辑 "||" 运算符执行或运算，遵循以下两条规则。

① 如果 "||" 运算符左边的表达式为 false 或代表假的值，将继续进行右边表达式的计算，最终结果返回右边表达式的值。

② 如果 "||" 运算符左边的表达式为 true 或代表真的值，将不会进行右边表达式的计算，最终结果返回左边表达式的值。

【例 2-4】逻辑||运算符

```
console.log(true || false); // 输出: true
console.log(1 || 6); // 输出: 1
console.log(0 || 6); // 输出: 6
console.log(1 == 1 || 6); // 输出: true
console.log('a' || 'c'); // 输出: 'a'
console.log(null || 6); // 输出: 6
console.log(NaN || 6); // 输出: 6
console.log(undefined || 6); // 输出: 6
console.log(0 || 1 || 6); // 输出: 1
console.log(1 || 2 || 3); // 输出: 1
var num = 0;
123 || num++;// 第一个表达式为真，num++不再执行
console.log(num);// 输出: 0
```

例 2-4 在 Chrome 浏览器控制台中的输出结果，如图 2-7 所示。由输出结果可知，逻辑或表达式的值既可以是布尔值，也可以不是布尔值。如果第一个表达式的值为真，则返回第一个表达式的值，如果第一个表达式的值为假，则返回第二个表达式的值。

```
true
1
6
true
a
6
6
6
1
1
0
```

图 2-7 【例 2-4】输出结果

（3）逻辑 "!" 运算符执行取反运算，遵循以下两条规则。

① 逻辑 "!" 运算符的操作数只有一个。

② 逻辑 "!" 运算符在执行运算时，首先将操作数转换为布尔值，然后再对布尔值取反，返回 true 或 false。示例如下：

```
console.log( !true ); // 输出：false
console.log( !false ); // 输出：true
console.log( !123 );// 输出：false, 数字 123 转换为布尔值是 true
console.log( !null );// 输出：true, null 转换为布尔值是 false
console.log( !undefined );// 输出：true, undefined 转换为布尔值是 false
console.log( !NaN );// 输出：true, NaN 转换为布尔值是 false
console.log( !!456 );// 输出：true, 数字 456 转换为布尔值是 true, 两次取反后返回 true
```

2.3.6 条件运算符

条件运算符是三元运算符，需要三个操作数。语法格式如下：

条件表达式?表达式 1:表达式 2

条件运算符根据条件表达式的真假返回不同的值，当条件表达式为真时，返回表达式 1 的值；当条件表达式为假时，返回表达式 2 的值。

【例 2-5】输出两者中比较大的值

```
var a = 10;
var b = 20;
console.log(a > b ? a : b);// 输出：20
```

2.3.7 运算符的优先级与结合性

运算符优先级是指多个运算符放在一起进行运算时，优先使用哪个运算符进行运算。例如 1+2*3 表达式的结果是 7，而不是 9，因为乘法比加法的优先级高。

如果运算符的优先级相同，则需要按照结合方向来决定运算顺序。例如，乘法运算符是向左结合，所以 2*3*4 等价于（2*3）*4；赋值运算符 "=" 是向右结合，所以 a=b=c 等价于 a=(b=c)，即先把 c 的值赋给 b，再把 b 的值赋给 a。

　　本书建议通过增加小括号来明确显示运算符的优先级，从而增强程序的可读性。JavaScript 运算符的优先级与结合性，如表 2-11 所示。

表2-11　运算符的优先级与结合性

结 合 性	运 算 符	优 先 级
从左到右	.　[]　()	
从右到左	++　--　-（取反）　!　new　typeof	
从左到右	*　/　%	
从左到右	+　-	
从左到右	<　<=　>　>=　instanceof	同一行的运算符优先级相同；不同行的运算符，从上到下，优先级由高到低依次排列
从左到右	==　!=　===　!==	
从左到右	&&	
从左到右	||	
从右到左	?：	
从右到左	=　+=　-=　*=　/=　%=	
从左到右	，	

【例 2-6】运算符的优先级与结合性

```
// 根据优先级，先执行乘法再执行加法
console.log(1 + 5 * 2);
// 根据优先级，先执行小括号里的 1+5 再和 2 相乘
console.log((1 + 5) * 2);
// 根据优先级，先执行 3 > 5，再执行&&运算
console.log(3 > 5 && 2 < 7);
// 根据优先级，先执行严格相等比较再赋值
var c = 2 === "2";
console.log(c);
// 根据优先级，先执行取反，再执行&&运算，最后执行||运算
var d = !2 || 3 && 1;
console.log(d);
```

例 2-6 在 Chrome 浏览器控制台中的输出结果，如图 2-8 所示。

```
11
12
false
false
1
```

图 2-8　【例 2-6】输出结果

2.4　流程控制

　　流程控制实现程序流程的选择、循环、跳转等功能，流程控制语句对编程语言起着至关重要的

作用，程序的执行流程直接决定最后的结果。开发者只有清楚每条语句的执行流程，才能选择合适的流程控制语句来实现想要的功能。合理的流程控制结构能够使程序代码更加清晰，并减少代码冗余，有利于提高开发效率。本节主要介绍 JavaScript 中的流程控制结构。

2.4.1 选择结构

选择结构根据条件的不同，执行不同的分支语句，从而得到不同的结果。例如，若学生成绩大于 60，则该学生的成绩及格，否则成绩不及格。若淘宝用户的积分在 4~250，则其信用等级为"红心"；在 250~10000，信用等级为"蓝钻"等。

选择结构包括 if 条件语句和 switch 条件语句两种。

1. if 条件语句

在 JavaScript 中，if 条件语句可分为 if、if…else、if…else if…else 三种。

（1）if 语句

if 语句的语法格式如下：

```
if(条件表达式){
    代码块;
}
```

如果条件表达式的结果为真，则执行代码块。

【例 2-7】判断闰年

```
var year = 2020;
//能被 4 整除且不能整除 100 或者能够被 400 整除的是闰年
if (year % 4 == 0 && year % 100 != 0 || year % 400 == 0) {
    console.log (year+'年是闰年');
}
```

例 2-7 在 Chrome 浏览器控制台中的运行结果为：

2020 年是闰年

（2）if…else 语句

if…else 语句的语法格式如下：

```
if(条件表达式){
    代码块1;
}else{
    代码块2;
}
```

if…else 语句在条件表达式的结果为真时，执行代码块 1，否则执行代码块 2。

【例 2-8】输出较大的数字

```
var num1 = 10;
var num2 = 20;
if (num1 > num2) {
```

```
    console.log("较大的数是" + num1);
}else {
    console.log("较大的数是" + num2);
}
```

例 2-8 在 Chrome 浏览器控制台中的运行结果为：

较大的数是 20

（3）if…else if…else 语句

if…else 语句只能用于包含两个分支结果的情况，当分支结果更多时，可以使用 if…else if…else
语句。

【例 2-9】判断会员积分等级

某电商网站根据用户积分数量共设定四个会员等级：积分不超过 1000 分为普通会员；积分大
于 1000 分且不超过 5000 分为黄金会员；积分大于 5000 分且不超过 10000 分为铂金会员；积分大
于 10000 分为超级会员。现有一用户积分为 3000 分，判断其会员等级。

```
var integral = 3000;
if (integral <= 1000) {
    console.log("普通会员");
} else if (integral <= 5000) {
    console.log("黄金会员");
} else if (integral <= 10000) {
    console.log("铂金会员");
} else {
    console.log("超级会员");
}
```

例 2-9 在 Chrome 浏览器控制台中运行结果为：

黄金会员

【例 2-10】根据空气质量指数进行生活建议

AQI（Air Quality Index，空气质量指数）是根据空气中的各种成分占比，将监测的空气浓度简
化为单一的概念性数值形式，它将空气污染程度和空气质量状况分级表示，适合于表示城市的短期
空气质量状况和变化趋势。空气质量指数、对应等级及相关建议如表 2-12 所示。

表2-12　空气质量指数、对应等级及相关建议

AQI 数值	等　级	生活建议
0~50	优	空气清新，参加户外活动
51~100	良	可以正常进行户外活动
101~150	轻度污染	敏感人群减少体力消耗大的户外活动
151~200	中度污染	对敏感人群影响较大，减少户外活动
201~300	重度污染	适当减少户外活动
>300	严重污染	尽量不要留在户外

案例代码如下：

```
var x = prompt("请输入 AQI 数值:");
```

```
var s = '';
if (x < 0)
    console.log("输入错误！");
else if (x <= 50)
    s = "优，空气清新，参加户外活动。"
else if (x <= 100)
    s = "良，可以正常进行户外活动。"
else if (x <= 150)
    s = "轻度污染，敏感人群减少体力消耗大的户外活动。"
else if (x <= 200)
    s = "中度污染，对敏感人群影响较大，减少户外活动。"
else if (x <= 300)
    s = "重度污染，所有人适当减少户外活动。"
else
    s = "严重污染，尽量不要留在户外。"
console.log("空气质量为" + s);
```

例 2-10 中，变量 x 保存用户输入的值，根据用户输入的 AQI 数值不同，给变量 s 赋相应的字符串值，最后在控制台中输出。当用户输入 320 时，例 2-10 在 Chrome 浏览器控制台中输出结果为：

空气质量为严重污染，尽量不要留在户外。

2. switch 语句

当表达式的值可以进行列举时，可以采用 switch 语句，其语法格式为：

```
switch(变量或表达式){
    case 常量1:
        语句块1;
        break;
        case 常量2:
        语句块2;
        break;
        ...
    case 常量n:
        语句块n;
        break;
    default:
        语句块n+1;
}
```

switch 语句根据变量或者表达式的值，从上往下依次与每个 case 后面的常量值进行严格相等的比较，直至找到与变量或表达式严格相等的常量，进而执行该分支下的语句块。如果没有匹配的 case 分支，则执行 default 分支。

需要注意的是：

（1）每个 case 分支的语句块后面都会带一个 break 语句，否则，执行完当前 case 后，会继续执行下一个 case 分支。

（2）switch 中的表达式与 case 语句中的取值是严格相等模式。

提示：switch 语句适合处理判断分支较多的情况，代码可读性好。if 语句适合处理判
　　　断分支较少的情况。

【例 2-11】判断用户角色

在线考试系统中支持三种角色登录，分别是：管理员、教师、学生，不同的角色登录后看到的
系统页面不同，能够使用的功能也不尽相同。使用 switch 语句可以根据角色不同，显示不同的页面。
项目开发中，可通过数字标识不同的角色，本例分别用数字 0、1、2 代表管理员、教师、学生角色。

```
var role = 1;
switch (role) {
    case 0:
        console.log("显示管理员角色页面");
        break;
    case 1: // 此处如果是字符串"1"，则不严格相等，会执行 default 语句
        console.log("显示教师角色页面");
        break;
    case 2:
        console.log("显示学生角色页面");
        break;
    default:
        console.log("没有访问权限");
}
```

例 2-11 在 Chrome 浏览器控制台中的运行结果为：

显示教师角色页面

2.4.2　循环结构

对于一些需要反复执行并且有规律的代码，可以采用循环结构进行编写。循环结构能够使代码
结构更加清晰，有效减少重复代码。循环结构包含 for、while、do…while 三种形式。

1. for 循环

当循环次数固定时，一般采用 for 循环结构。for 循环结构的语法格式为：

```
for (初始化表达式；结束条件表达式；迭代表达式) {
    循环代码块；
}
```

初始化表达式只在第一次循环开始前执行一次。结束条件表达式在每次循环开始前计算一次值，
如果值为 true，则继续循环并执行代码块，否则终止循环。迭代表达式在每次循环后执行一次。

【例 2-12】求 100 至 1000 之间的自然数之和

```
var sum = 0;
for (var i = 100; i <= 1000; i++) {
    sum += i;
}
console.log(sum);
```

例 2-12 在 Chrome 浏览器控制台中的运行结果为：

495550

for 循环语句还可以结合条件语句实现更加复杂的功能。我国古代数学家张丘建先生在《算经》中提出了用"一百铜钱购买一百只鸡"的经典算术问题。如果手工计算，庞大的计算量无异于愚公移山，而通过循环结构编写程序，计算机成功执行立即得到结果。因此，我们要学会利用先进的手段解决问题，提高创新能力，用所学知识去解决现实中的问题。

【例 2-13】一百铜钱购买一百只鸡

鸡翁一，值钱五；鸡母一，值钱三；鸡雏三，值钱一；百钱买百鸡，则翁、母、雏各几何？

```
for (var i = 0; i <= 100; i++)
    for (var j = 0; j <= 100; j++)
        for (var k = 0; k <= 100; k++) {
            if (5 * i + 3 * j + k / 3 == 100 && k % 3 == 0 && i + j + k == 100) {
                console.log("可以买" + i + "只公鸡, " + j + "只母鸡," + k + "只小鸡
");
            }
        }
```

例 2-13 在 Chrome 浏览器控制台中运行结果，如图 2-9 所示。

可以买0只公鸡，25只母鸡,75只小鸡
可以买4只公鸡，18只母鸡,78只小鸡
可以买8只公鸡，11只母鸡,81只小鸡
可以买12只公鸡，4只母鸡,84只小鸡

图 2-9 【例 2-13】输出结果

2. while 循环

while 循环根据循环条件的真假决定是否执行循环体，语法格式为：

```
while (循环条件) {
    循环代码块;
}
```

while 循环在每次循环前先判断循环条件，如果条件为真，则执行代码块，否则跳出循环。

【例 2-14】一张纸的厚度大约是 0.1 毫米，假设这张纸可以无限次对折，计算对折几次可以超过珠峰（8844.43 米）

```
var h = 0.1;
var count = 0;  //折叠次数
while (h < 8844430) {
    h = h * 2;
    count++;
}
console.log(count);
```

例 2-14 在 Chrome 浏览器控制台中的运行结果为：

27

3. do…while 循环

do…while 循环是 while 循环的变种。在 do…while 循环中，无论循环条件是否为真，都会至少执行一次代码块。do…while 循环的语法格式为：

```
do {
    循环代码块;
} while (循环条件);
```

【例 2-15】猜数字游戏

```
var random = 8;
do {
    var num = prompt('你来猜？ 请输入 1~10 之间的一个数字');
    if (num > random) {
        console.log('输入的值'+num+'猜大了');
    } else if (num < random) {
        console.log('输入的值'+num+'猜小了');
    } else {
        console.log('输入的值'+num+'猜对了');
    }
} while (num != random);
```

例 2-15 中，变量 random 代表用户要猜的一个数字，值为 8。变量 num 保存用户输入的值，循环条件为 "num != random"。在循环体中，首先弹出输入框获取用户输入，然后判断输入值 num 和 random 的关系，如果相等则循环结束，输入框消失。在输入框中依次输入 2、9 和 8，例 2-15 在 Chrome 浏览器控制台中运行结果，如图 2-10 所示。

图 2-10 【例 2-15】运行结果

while 和 do…while 的区别是：while 循环首先判断循环条件是否成立，条件不满足不执行循环体；do…while 循环先执行循环体，再判断循环条件是否成立，即使条件不成立，也执行了一次循环体。示例如下：

```
var n = 10;
while (n < 10) {
    console.log(n);
}
```

运行结果：

无输出：

```
var n = 10;
do {
    console.log(n);
} while (n < 10);
```

运行结果：

10

在上述示例左右两个代码块中：n 的初值相同，循环条件和循环体也相同，但结果不同。

4. 循环跳出语句

只要循环条件成立，循环语句便会一直执行下去。如果希望在循环过程中跳出循环，可以使用循环跳出语句。JavaScript 循环跳出语句包括 break 和 continue 两种。

break 语句可以直接跳出 for、while 和 do…while 循环，当有多层循环嵌套时，break 语句只能跳出离得最近的一层循环。

【例 2-16】判断给定数字是否为素数

```javascript
var num = 23517;
var flag = true;
for (var i = 2; i < num / 2; i++) {
    if (num % i == 0) {
        flag = false;
        break;
    }
}
if (flag) {
    console.log("该数字是素数");
} else {
    console.log("该数字不是素数");
}
```

例 2-16 在 Chrome 浏览器控制台中的运行结果为：

该数字不是素数

例 2-16 中只要发现一个可以整除该数字、且大于 1 的自然数，即可证明该数字不是素数，程序也没必要继续执行下去，所以用 break 语句直接跳出 for 循环。

continue 语句只能跳出本次循环，并继续进入下一次循环。

【例 2-17】输出 10 以内的奇数

```javascript
for (var i = 1; i <= 10; i++) {
    if (i % 2 == 0) continue;
        console.log(i);
}
```

例 2-17 在 Chrome 浏览器控制台中的运行结果为：

```
1
3
5
7
9
```

2.5　代码调试

代码调试在任何一种开发语言中都是必不可少的技能。掌握各种调试技巧，能在工作中起到事半功倍的效果，例如快速定位问题、降低程序异常概率、帮助分析逻辑错误等。如何在前端开发中降低开发成本，提升工作效率，掌握前端开发调试技巧尤为重要。本节将介绍常用 JavaScript 代码调试方法。

2.5.1　alert()方法

在控制台出现之前，JavaScript 可以使用 alert()方法进行代码跟踪。alert()方法可以出现在脚本程序的任意位置。

【例 2-18】使用 alert()方法调试代码

```
var sum = 0;
for (var i = 1; i <= 3; i++) {
    sum += i;
    alert('sum='+sum+',i='+i)
}
```

例 2-18 使用 alert()方法跟踪 sum 和 i 的值，一共弹出三次对话框，需要单击第一个对话框的"确定"按钮，才能显示下一个对话框。从显示的对话框中可以看到两个变量值的变化。例 2-18 在 Chrome 浏览器中的运行结果，如图 2-11 所示。

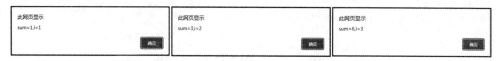

图 2-11　【例 2-18】运行结果

由图 2-11 可知，用户需要单击对话框中的"确定"按钮，程序才会继续执行，因此 alert()方法会阻塞后续程序代码的执行，连续测试不太方便。实际编程中，用于调试代码的 alert()方法在调试结束后要全部删掉。

2.5.2　console.log()方法

除了 alert()方法之外，JavaScript 还可以使用 console.log()方法进行调试。console.log()方法的作用是在浏览器的控制台中输出信息，它不会阻塞程序的执行。

【例 2-19】使用 console.log()方法调试代码

```
var sum = 0;
for (var i = 1; i <= 3; i++) {
    sum += i;
    console.log('sum='+sum+',i='+i) ;
}
```

例 2-19 在 Chrome 浏览器控制台中的运行结果，如图 2-12 所示。

```
sum=1,i=1
sum=3,i=2
sum=6,i=3
```

图 2-12 【例 2-19】运行结果

由图 2-12 可知，console.log()方法在控制台中输出调试信息，而不影响页面显示。在调试完成后，console.log()方法的调试代码不删除也不会对业务逻辑造成破坏，但是为了代码整洁，还是应尽可能删除与业务逻辑无关的调试代码。

2.5.3 开发者工具调试

除了使用 alert()方法和 console.log()方法之外，开发人员经常使用浏览器的开发者工具定位代码错误、跟踪调试代码和在控制台中运行 JavaScript 代码。

1. 定位代码错误

开发者工具可以在控制台中具体指出错误的类型和出错代码所在的位置。

【例 2-20】定位代码错误

```
var sum =0;
for (var i = 1; i <= 3; i++) {
    su += i; // sum 误写为 su
    console.log('sum='+sum+',i='+i) ;
}
```

例 2-20 在 Chrome 浏览器中的运行结果，如图 2-13 所示。

❌ ▶Uncaught ReferenceError: su is not defined
        at 例2-20.html:7:7

图 2-13 【例 2-20】运行结果

由图 2-13 可知，文件"例 2-20.html"的第 7 行出现了错误，错误类型是"Uncaught ReferenceError（引用错误）"，错误信息是"su is not defined（su 未定义）"。根据控制台报错信息，开发者容易定位错误，第 7 行正确的写法应是"sum += i;"。

2. 跟踪调试代码

开发者工具允许开发人员为 JavaScript 代码添加断点，使程序执行到某一特定位置暂停，方便开发者对该处代码段进行分析和处理。下面演示跟踪调试例 2-19 代码，步骤如下：

步骤01 在 Chrome 浏览器中运行例 2-19 代码。

步骤02 按 F12 键或者单击右键选中"检查"，打开开发者工具。

步骤03 选中开发者工具的 Sources 选项卡。双击左侧窗口的文件名称"例 2-19.html"，此时会在中间窗口打开源代码，如图 2-14 所示。

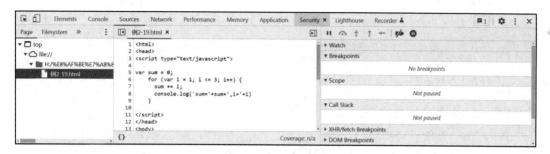

图 2-14　Sources 选项卡

步骤 04 添加断点。在需要调试的代码行号处点击鼠标左键，此时该行号会显示蓝色背景。断点可以添加多个，单击第 7 行添加断点的效果，如图 2-15 所示。

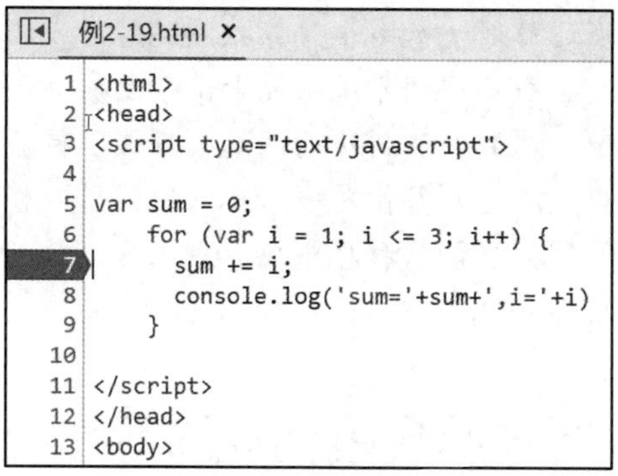

```
1  <html>
2  <head>
3  <script type="text/javascript">
4
5  var sum = 0;
6      for (var i = 1; i <= 3; i++) {
7          sum += i;
8          console.log('sum='+sum+',i='+i)
9      }
10
11 </script>
12 </head>
13 <body>
```

图 2-15　添加断点

步骤 05 刷新页面。按 F10 键或 F11 键实现逐语句或逐过程调试程序。在调试过程中，可以在右侧窗口的 Scope 选项中跟踪每一个变量在运行过程中的值，或在 Watch 选项中添加需要观测的变量的值，或将鼠标悬停在需要观测的变量值上，演示效果如图 2-16 所示。

步骤 06 调试完毕取消断点。在已添加断点的代码行号处单击鼠标左键，刷新页面即可。

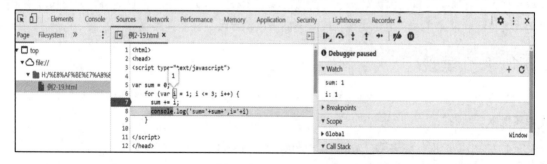

图 2-16　跟踪调试代码

3. 控制台中运行 JavaScript 代码

浏览器控制台中不仅能输出信息，还能直接运行 JavaScript 代码。在 Chrome 浏览器控制台中输入代码，按回车键即可运行 JavaScript 代码，如图 2-17 所示。

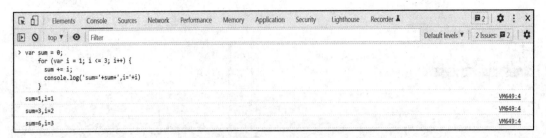

图 2-17　控制台中运行 JavaScript 代码

提示：程序漏洞引起的事故有很多，例如著名的"千年虫"问题。"千年虫"问题是
　　　指在某些使用了计算机程序的智能系统（包括计算机系统、自动控制芯片等）
　　　中，由于其中的年份只使用两位十进制数来表示，因此当系统进行（或涉及）
　　　跨世纪的日期处理运算时（如多个日期之间的计算或比较等），就会出现错误
　　　的结果，进而引发各种各样的系统功能紊乱甚至崩溃。因此，我们在开发调试
　　　程序中要注重细节，遇到无法解决的问题，应该坚持不懈查找资料，而不是放
　　　弃。任何一个小小的疏忽，哪怕是一个标点用错了，整个程序都将无法运行或
　　　不能得到正确的结果。在调试程序中应养成认真、细心和严谨的作风，通过不
　　　断调试、改错，培养和践行"工匠精神"。

2.6　案例：新冠肺炎疫情风险等级划分程序设计

在 2020 年年初暴发的新型冠状病毒疫情中，国家卫健委依据新冠肺炎疫情实际情况和发展态势，综合考虑新增和累计确诊病例数等因素，将县市区划分为低风险地区（无确诊病例或连续 14 天无新增确诊病例）、中风险地区（14 天内有新增确诊病例，累计确诊病例不超过 50 例，或累计确诊病例超过 50 例，14 天内未发生聚集性疫情区）、高风险地区（累计病例超过 50 例，14 天内有聚集性疫情发生）。目前国内的中高风险地区越来越少，中华民族具有坚强的毅力和战胜困难的能力，必将战胜疫情！本节主要实现新冠肺炎疫情风险等级划分的程序。

2.6.1　案例呈现

本节案例使用多分支流程控制语句，来实现如图 2-18 所示的疫情等级划分功能。在本案例中主要实现以下功能。

（1）弹出提示框，获取用户输入 14 天新增确诊病例数。

（2）弹出提示框，获取用户输入累计确诊病例数。

（3）弹出提示框，获取用户输入 14 天内聚集性疫情发生天数。

（4）判断疫情等级，并在弹出对话框中显示如图 2-18 所示的效果。

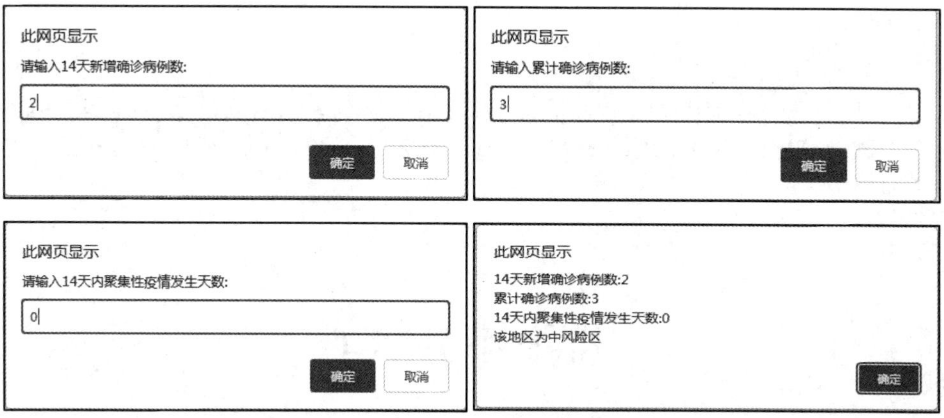

图 2-18　疫情等级判断程序效果

2.6.2　案例分析

本案例需要在页面中弹出提示框获取用户的输入，然后根据用户的输入数据以及疫情风险等级划分标准，判断疫情风险等级。案例的实现分为以下几个步骤。

步骤01 定义变量 newConfirm 代表 14 天新增确诊病例数，定义变量 totalConfirm 代表累计确诊病例数，定义变量 days 代表 14 天内聚集性疫情发生天数，定义最终需要输出的字符串变量 result。

步骤02 通过 prompt()方法弹出输入框获取用户输入数据。

步骤03 通过 if-else 多分支语句判断疫情风险等级。

步骤04 通过 alert()方法输出风险等级。

2.6.3　案例实现

经过以上分析，本案例的完整代码实现如下：

```html
<!DOCTYPE html>
<html lang="en">
<head>
    <meta charset="UTF-8">
    <meta http-equiv="X-UA-Compatible" content="IE=edge">
    <meta name="viewport" content="width=device-width, initial-scale=1.0">
    <title>Document</title>
</head>
<body>
<script>
var newConfirm = prompt("请输入 14 天新增确诊病例数:") ;
var totalConfirm = prompt("请输入累计确诊病例数:") ;
var days = prompt("请输入 14 天内聚集性疫情发生天数:") ;
var result = ';
if (newConfirm == 0 || totalConfirm == 0)
    result = "低" ;
else if ((newConfirm > 0 && totalConfirm <= 50) || (totalConfirm > 50 && days
==0))
```

```
        result = "中" ;
    else
        result = "高" ;
        alert("14天新增确诊病例数:"+newConfirm+"\n"+"累计确诊病例数:"+totalConfirm+"\
n"+"14天内聚集性疫情发生天数:"+days+"\n"+"该地区为" + result + "风险区");
</script>
</body>
</html>
```

2.7   本章小结

本章首先介绍了 JavaScript 语言的基础语法，包括变量、数据类型、运算符、表达式和流程控制，然后介绍了代码调试，最后通过"新冠肺炎疫情风险等级划分"案例介绍了多分支语句的应用。通过本章的学习，读者可以掌握 JavaScript 的基本语法和代码调试技巧，为后续章节的学习打下基础。

2.8   本章常见面试题

1. 运算符 "==" 和 "===" 有什么区别？

"==="是严格相等，左右两边不仅值要相等，类型也要相等，例如'1'===1 的结果是 false，因为一边是 string 类型，另一边是 number 类型。

"=="两边只要值相等，就返回 true，例如'1'==1 的结果是 true。

"=="两边类型不一样时，先进行自动类型转换后，再比较值是否相同。

2. null 和 undefined 有什么区别？

（1）null 转为数值时为 0，undefined 转为数值时为 NaN。

（2）当声明的变量还未被初始化时，变量的默认值为 undefined。

（3）调用函数时，应该提供的参数没有提供，该参数的值为 undefined。

（4）对象中没有赋值的属性，该属性的值为 undefined。

（5）函数没有返回值时，默认返回 undefined。

3. typeof 是否能正确判断所有数据类型？

不能。对于原始类型来说，除了 null 都可以调用 typeof 显示正确的类型。对于引用数据类型，除了函数之外，都会显示"object"。因此采用 typeof 判断 null 和对象数据类型是不合适的，采用运算符 instanceof 会更好，instanceof 的原理是基于原型链的查询，只要处于原型链中，判断永远为 true。

2.9　实践操作练习题

1. 交换两个变量的值，效果如图 2-19 所示。

```
交换前num1=1,num2=2
交换后num1=2,num2=1
```

图 2-19　练习题 1 效果

2. 超速行驶是指驾驶员在驾车行驶中，以超过法律、法规规定的速度进行行驶的行为，例如高速公路的汽车行驶速度最快不超过 120km/h。根据相关规定，机动车在道路上行驶，对违反限速规定的驾驶员，根据不同的超速情况作出不同的处罚。假设相应处罚标准如表 2-13 所示。

表2-13　超速处罚标准

描　述	处罚结论
车速≤限速	未超速
超速比≤10%	超速警告
10%＜超速比≤20%	罚款 100 元
20%＜超速比≤50%	罚款 500 元
50%＜超速比≤100%	罚款 1000 元
超速比 ＞100%	罚款 2000 元

编写程序，根据输入的车速和限速值，输出如表 2-13 所示的处罚结论，效果如图 2-20 所示。

图 2-20　超速处罚输出效果

3. 阶梯式电价是指把户均用电量设置为若干个阶梯分段或分档次定价计算费用。通过实行居民阶梯电价政策，可以发挥价格的杠杆作用，引导用户特别是用电量多的居民用户调整用电行为，促进科学、节约用电。具体规则为：当每月用电量在 0~260 度时为第一档，电价是 0.68 元/度；当每月用电量在 261~600 度时为第二档次，260 度以内的按照第一档次收费，剩余的电价按照 0.73 元/度收取；当每月用电量大于 600 度时，先分别按照第一档次和第二档次收费，剩余电价按照 0.98 元/度收取。编写程序，根据输入的月用电量计算电费，输出效果如图 2-21 所示。

图 2-21　阶梯式电价计费输出效果

4. 打印九九乘法口诀表，如图 2-22 所示。

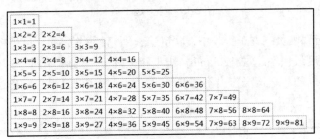

图 2-22　乘法口诀表

5. 计算 n 的阶乘。n 的阶乘是从 1 开始乘以比前一个数大 1 的数，一直乘到 n，用公式表示为：1×2×3×4×…×(n−2)×(n−1)×n=n!。

6. 使用循环语句，计算斐波那契数列第 n 项的值。斐波那契数列指的是这样一个数列：1、1、2、3、5、8、13、21、34、55、89…，这个数列从第 3 项开始，每一项都等于前两项之和。

7. 猴子吃桃。猴子第一天摘下若干个桃子，当即吃了一半，还不过瘾，又多吃了一个。第二天早上又将第一天剩下的桃子吃掉一半，又多吃了一个。以后每天早上都吃了前一天剩下桃子的一半再加一个。到第 10 天早上想再吃时，发现只剩下一个桃子了。计算猴子第一天摘了多少个桃子？

8. 棋盘上放芝麻。假设在 64 格的棋盘上放置芝麻，第 1 格上放置 1 粒芝麻，第 2 格上放置 2 粒芝麻，第 3 格上放置 4 粒芝麻，下一格放置的芝麻数量是前一格的 2 倍，以此类推，假设棋盘无限大，编写程序计算第 64 格上应该放置多少粒芝麻？

第 3 章

数 组

基本类型的变量只能保存一个数据，当需要保存并处理一批数据时，需要用到复杂数据类型的数组变量，它可以保存一批数据，方便对数据进行分类和批量处理，从而可以有效地提高程序开发效率。数组是复杂数据类型，在 JavaScript 中应用广泛。本章将介绍创建数组、访问数组以及数组的常用属性和方法。

📖 **本章学习目标**

（1）理解数组的概念。
（2）掌握创建数组、访问数组的方法。
（3）掌握数组的常用属性和方法。
（4）掌握使用数组实现"2048"游戏的关键算法。

3.1 数组概述

开发者经常会在程序中对一批数据进行操作，例如，在微信运动中，对好友每天的运动步数进行排序，如果用 number 类型来表示每位好友每天的运动步数，有多少个好友就需要定义多少个变量，这样做不仅麻烦，而且容易出错。这时，可以使用数组来解决。

什么是数组呢？数组就是一组有某种共同特性的数据组成的集合，相当于存储多个数据的容器。其中的每个数据被称作元素，在数组中可以存放任意类型的元素。

3.2 创建数组

JavaScript 创建数组有两种方式，一种是使用方括号"[]"创建数组，一种是使用 new Array() 创建数组。

1. 使用"[]"创建数组

通过在方括号内指定元素给数组赋值，示例如下：

```
var arr = [];// 创建一个长度为 0 的空数组，没有元素
var arr = [1,"篮球",true,undefined,null];// 创建一个长度为 5 的数组,包含 5 个类型不同
的元素
```

上述代码中，arr 为数组名，两端的方括号是数组的标志，元素类型可以是任意数据类型。

2. 使用 new Array()创建数组

Array 是 JavaScript 标准内置数组对象，用于构造数组，示例如下：

```
var arr = new Array();// 创建一个空数组，没有元素
var arr = new Array(1,"篮球",true,undefined,null); // 创建一个数组,包含 5 个类型不
同的元素
```

提示：使用"[]"创建数组比较简洁，在项目开发中最常用。

3.3　访问数组

访问数组有三种方式：访问数组名、访问数组元素、遍历数组。

1. 访问数组名

直接访问数组名将返回数组中存储的所有元素值，示例如下：

```
var arr = [1, 2, 3]; // 创建数组 arr
console.log(arr);//直接访问数组名,输出: 1, 2, 3
```

2. 访问数组元素

数组中存储的每个元素都有一个位置索引，从 0 开始，到"数组长度-1"结束。开发者可以通过索引来访问、修改对应的数组元素的值。语法格式如下：

```
数组名[索引]
```

示例如下：

```
var arr = [1, 2, 3];// 创建数组
console.log(arr[0]);// 获取数组中的第 1 个元素,输出: 1
console.log(arr[1]);// 获取数组中的第 2 个元素,输出: 2
console.log(arr[99]);// 获取数组中的第 100 个元素,输出: undefiend
arr[0] = 8;// 修改数组中的第 1 个元素的值为 8
arr[3] = 5;// 修改数组中的第 4 个元素的值为 5
console.log(arr);// 输出数组所有的元素值: 8,2,3,5
```

提示：如果数组没有和索引值对应的元素,则得到的值是 undefined,上述代码中 arr[99]
　　　　并不存在,因此输出 undefined; 如果修改数组中不存在的元素,则代表在数组
　　　　的末尾插入新元素,此时数组长度自动增长为"索引值+1",上述示例中 arr[3]
　　　　并不存在, "arr[3]=5"执行前, 数组长度是 3, 执行后, 数组长度变为 4.

3. 遍历数组

遍历数组是对数组的每一个元素依次进行访问。开发者可以使用 for 循环语句对数组进行遍历。

【例 3-1】使用 for 语句遍历数组

```
var arr = ['red', 'green', 'blue'];
for (var i = 0; i < 3; i++) {//  3代表数组长度
    console.log(arr[i]);
}
```

例 3-1 在 Chrome 浏览器控制台中的运行结果为：

```
red
green
blue
```

3.4　数组常用属性和方法

1. 数组常用属性

属性 length 返回数组的长度，即数组中元素的个数。它是一个可读可写的属性，语法格式如下：

```
数组名.length
```

修改 length 属性的值可以增加或减少数组元素。如果设置的 length 属性值大于数组的元素个数，则会在数组末尾插入 undefined 元素；如果设置的 length 属性值小于数组的元素个数，则会把超过该值的数组元素删除。

示例如下：

```
var arr = [1, 2, 3];// 创建数组
console.log(arr.length);// 获取数组的长度，输出：3
arr.length = 2;// 修改 length 属性的值为 2，此时元素只剩 2 个
console.log(arr);//输出：1,2
arr.length = 0;// 修改 length 属性的值为 0，此时数组元素被清空
console.log(arr); // 输出空数组：[]
arr.length = 1;// 修改 length 属性的值为 1，此时数组增加 1 个元素，默认值是 undefined
console.log(arr[0]);// 输出：undefined
```

2. 数组常用方法

JavaScript 提供了丰富且功能强大的数组方法，主要包括遍历、元素操作、检索、排序、筛选、转换和类型判断等，如表 3-1 所示。

表3-1　数组常用方法

数组方法分类	方 法 名
遍历	forEach()
元素操作	push()、pop()、unshift()、shift ()
检索	slice()、indexof()、lastIndexof()

（续表）

数组方法分类	方 法 名
排序	sort()、reverse()
筛选	every()、some()、filter()
转换	join()、concat()、map()、tostring()
类型判断	isArray()

（1）遍历

forEach()方法对数组的每个元素执行一次给定的函数。

语法：array.forEach(callback(currentValue))

参数描述：callback 是数组中每个元素执行的函数，currentValue 是数组中正在处理的当前元素。

返回值：undefined

示例如下：

```
var arr = [1, 2, 3];// 创建数组
arr.forEach(function(item){
    console.log(item);// 输出数组的每个元素 1，2，3
});
```

提示：除了抛出异常以外，没有办法中止或跳出 forEach()循环。

（2）元素操作

① push()方法将一个或多个元素添加到数组的末尾，并返回新数组元素的个数。

语法：array.push(item1, item2,…, itemX)

参数描述：添加到数组中的项目。

返回值：添加元素后的数组长度。

示例如下：

```
var fruits = ["Banana", "Orange", "Apple", "Mango"];
var r =fruits.push("Kiwi");
console.log(r);// 输出：5
console.log(fruits);// 输出["Banana","Orange","Apple", "Mango","Kiwi"]
```

② pop()方法移除数组的最后一个元素，并返回该元素。

语法：array.pop()

返回值：数组的最后一个元素。

示例如下：

```
var fruits = ["Banana", "Orange", "Apple", "Mango"];
var r = fruits.pop();
console.log(r);// 输出：Mango
console.log(fruits);// 输出：["Banana", "Orange", "Apple"]
```

③ unshift()方法将新元素添加到数组的开头，并返回新的长度。

语法：array.unshift(item1, item2,···, itemX)

参数描述：添加到数组开头的元素。

返回值：添加元素后的数组长度。

示例如下：

```
var fruits = ["Banana", "Orange"];
var r =fruits.unshift("Lemon", "Apple");
console.log(r);// 输出: 4
console.log(fruits);// 输出: ["Lemon", "Apple","Banana", "Orange"]
```

④ shift()方法移除数组的第一个元素。

语法：array.shift()

返回值：数组的第一个元素。

示例如下：

```
var fruits = ["Banana", "Orange", "Apple", "Mango"];
var r = fruits.shift();
console.log(r);// 输出: Banana
console.log(fruits);// 输出: ["Orange", "Apple", "Mango"]
```

【例 3-2】将数组的第一个元素删除并放至数组末尾位置

```
var arr = ['跑', '马', '灯','特','效'];
arr.push(arr.shift());
console.log(arr);// 输出: ['马', '灯','特','效', '跑'];
arr.push(arr.shift());
console.log(arr);// 输出: ['灯','特','效', '跑', '马'];
```

提示：元素操作方法均会改变原数组。

（3）检索

① slice()方法返回数组中被选中的元素。

语法：array.slice(start, end)

参数描述：start 指定从哪里开始选择，如果省略，则从数组起始位置开始。end 指定结束选择的位置，不包含 end，如果省略，将选择从开始位置到数组末尾的所有元素。若参数使用负数，则表示从数组末尾进行选择。

返回值：新的数组，包含选定的元素。

示例如下：

```
var fruits = ["Banana", "Orange", "Lemon", "Apple", "Mango"];

console.log(fruits.slice(1, 3));// 输出: ["Orange", "Lemon"];
console.log(fruits.slice(1));// 输出: ["Orange", "Lemon", "Apple", "Mango"];
console.log(fruits.slice(-3,-1));// 输出: [ "Lemon", "Apple"];
```

② indexOf()方法在数组中搜索指定元素，并返回第一个匹配项的位置。

语法：array.indexOf(item, start)

参数描述：item 代表要搜索的元素。start 指定从哪里开始搜索。搜索将从指定位置开始，如果未指定开始位置，则从头开始，并在数组末尾结束搜索。

返回值：第一个匹配项的位置，若找不到则返回-1。

示例如下：

```
var fruits = ["Apple", "Orange", "Apple", "Mango"];
console.log(fruits.indexOf("Apple"));// 输出: 0
console.log(fruits.indexOf("Apple",1));// 输出: 2
console.log(fruits.indexOf("abc"));// 输出: -1
```

【例 3-3】找到数组中所有元素值为"Apple"的位置

```
var fruits = ["Apple", "Orange", "Apple", "Mango"];
var index = -1;
do {
    index = fruits.indexOf('Apple', index + 1);
    if (index !== -1) {
        console.log(index);
    }
} while (index !== -1);
```

例 3-3 在 Chrome 浏览器控制台中的运行结果，如图 3-1 所示。indexOf()方法在搜索到第一个匹配值即返回，可以使用循环语句和 indexOf()方法从返回位置的下一个位置开始继续检索，直到找不到匹配值返回-1。

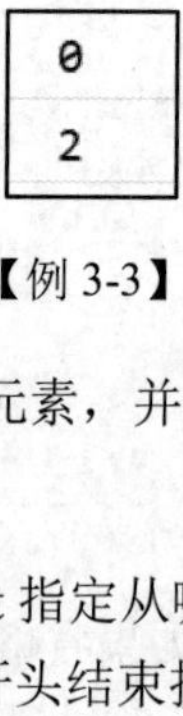

图 3-1　【例 3-3】运行结果

③ lastIndexOf ()方法在数组中搜索指定元素，并返回第一个匹配项的位置。

语法：array.lastIndexOf (item, start)

参数描述：item 代表要搜索的元素。start 指定从哪里开始搜索。搜索将从指定位置开始，如果未指定开始位置，则从末尾开始，并在数组开头结束搜索。

返回值：第一个匹配项的位置，若找不到则返回-1。

示例如下：

```
var fruits = ["Apple", "Orange", "Apple", "Mango"];
console.log(fruits.lastIndexOf("Apple"));// 输出: 2
console.log(fruits.lastIndexOf("Apple",1));// 输出: 0
console.log(fruits.lastIndexOf("abc"));// 输出: -1
```

提示：indexOf 和 lastIndexOf 的区别。①indexOf 搜索某个指定的字符串在字符串首次出现的位置，方向是从左向右搜索；②lastIndexOf 搜索某个指定的字符串在字符串最后一次出现的位置，方向是从右向左搜索。

（4）排序

① reverse()方法将数组中元素的位置颠倒，并返回该数组。数组的第一个元素会变成最后一个，数组的最后一个元素变成第一个。

语法：array.reverse()

返回值：颠倒顺序后的原数组。

示例如下：

```
var fruits = ["Banana", "Orange", "Apple", "Mango"];
fruits.reverse();
console.log(fruits); // 输出：["Mango", "Apple", "Orange","Banana"];
```

② sort()方法对数组的元素进行排序。排序顺序可以是按字母或数字，也可以是升序或降序。默认情况下，sort()方法将按字母和升序将值作为字符串进行排序。

语法：array.sort(compareFunction)

参数描述：compareFunction 用来指定按某种顺序进行排列的函数。如果省略，元素按照默认规则进行排序。

返回值：排序后的原数组。

示例如下：

```
var fruits = ["Banana", "Orange", "Apple", "Mango"];
fruits.sort();
console.log(fruits);// 输出：["Apple","Banana","Mango","Orange"]
var num = [40, 100, 1, 5, 25, 10];
num.sort();
console.log(num);// 输出：[1,10,100,25,40,5]
num.sort(function (a, b) { //按升序对数组中的数字进行排序
    return a - b;
});
console.log(num);// 输出：[1,5,10,25,40,100]
var arr1 = ['abc', 'ab', 'a', 'abcdef', 'xy'];
arr1.sort(function (a, b) {
    return a.length - b.length;// 按照字符串长度升序排序
});
console.log(arr1);// 输出：['a','ab', 'xy','abc','abcdef'];
var arr2 = [1, 2, 3, 4, 5, 6, 7, 8];
arr2.sort(function (a, b) {
    return Math.random() - 0.5;// 随机排序
});
console.log(arr2);// 可能的输出：[1, 2, 6, 8, 4, 3, 7, 5]
```

提示：排序方法均会改变原数组。

（5）筛选

① every()方法测试一个数组内的所有元素是否都能通过某个指定函数的测试。

语法：array.every(callback(currentValue))

参数描述：callback 是用来测试每个元素的函数，currentValue 是数组中正在处理的当前元素。

返回值：every()方法为数组中的每个元素执行一次 callback 函数，直到它找到一个会使 callback 返回 false 的元素。如果发现了一个这样的元素，every 方法将会立即返回 false，否则，callback 为每一个元素返回 true，every()方法返回 true。

示例如下：

```
var ages = [32, 33, 16, 40];
var result = ages.every(function (item) {
    return item > 18;// 检测数组中的每一个元素是否都大于 18
});
console.log(result);// 输出：false
```

② some()方法测试数组中是不是至少有 1 个元素通过了指定函数的测试。

语法：array.some(callback(currentValue))

参数描述：callback 是用来测试每个元素的函数，currentValue 是数组中正在处理的当前元素。

返回值：some()方法为数组中的每个元素执行一次 callback 函数，直到它找到一个会使 callback 返回 true 的元素。如果发现了一个这样的元素，some()方法将会立即返回 true，否则，callback 为每一个元素返回 false，some()方法返回 false。

示例如下：

```
var ages = [32, 33, 16, 40];
var result = ages.some(function (item) {
    return item > 18;// 检测是不是至少有 1 个元素大于 18
});
console.log(result);// 输出：true
```

③ filter()方法创建一个新数组，新数组包含通过指定函数测试的所有元素。

语法：arr.filter(callback(currentValue))

参数描述：callback 是用来测试每个元素的函数，返回 true 表示该元素通过测试，保留该元素，返回 false 则不保留。currentValue 是数组中正在处理的当前元素。

返回值：一个新的、由通过测试的元素组成的数组。如果没有任何数组元素通过测试，则返回空数组。

示例如下：

```
var ages = [32, 33, 16, 40];
var result = ages.filter(function (item) {
    return item > 18;// 检测每个元素是否大于 18
});
console.log(result);// 输出：[32, 33, 40]
```

提示：筛选方法均不会改变原数组。

（6）转换

① join()方法将数组作为字符串返回。元素将由指定的分隔符分隔，默认分隔符是逗号。

语法：array.join(separator)

参数描述：separator 代表要使用的分隔符。如果省略，则元素用逗号分隔。

返回值：表示数组值的字符串值，由指定的分隔符分隔。

示例如下：

```
var arr = ['green', 'blue', red];
console.log(arr.join()); // 输出字符串："green,blue,red "
console.log(arr.join('-')); // 输出字符串："green-blue-red"
console.log(arr.join('&')); // 输出字符串："green&blue&red"
```

② concat()方法用于连接两个或多个数组。

语法：array1.concat(array2, array3,…, arrayX)

参数描述：要连接的数组。

返回值：1 个新数组。其中包含已连接数组的值。

示例如下：

```
var num1 = [1, 2, 3],num2 = [4, 5, 6],num3 = [7, 8, 9];
var nums = num1.concat(num2, num3);
console.log(nums);// 输出：[1, 2, 3, 4, 5, 6, 7, 8, 9]
```

③ map()方法创建一个新数组，新数组中的每个元素是调用一次提供的函数后的返回值。

语法：arr.map (callback(currentValue))

参数描述：callback 是为数组中的每个元素执行的函数。currentValue 是数组中正在处理的当前元素。

返回值：1 个新数组。新数组中的每个元素是调用一次提供的函数后的返回值。

示例如下：

```
var num = [1, 2, 3];
var result = num.map(function(item){
    return item * 10;// 每个元素乘以 10
})
console.log(result);// 输出：[10, 20, 30]
```

④ tostring()方法返回包含所有数组值的字符串，以逗号分隔。

语法：array.toString()

返回值：字符串。代表数组的值，用逗号隔开。

示例如下：

```
var arr = ['green', 'blue', 'red'];
console.log(arr.toString()); // 输出字符串："green,blue,red "
```

提示：转换方法均不改变原数组。

（7）类型判断

isArray()方法检测对象是否为数组。

语法：Array.isArray(obj)

参数描述：obj 是检测的对象。

返回值：如果对象是 Array，则返回 true，否则返回 false。

示例如下：

```
// 下面的 isArray()方法调用都返回 true
Array.isArray([]);
Array.isArray([7, 8, 9]);
Array.isArray(new Array());
Array.isArray(new Array('a', 'b', 'c', 'd'))
// 下面的 isArray()方法调用都返回 false
Array.isArray();
Array.isArray(null);
Array.isArray(undefined);
Array.isArray(17);
Array.isArray('Array');
Array.isArray(true);
```

提示：typeof [7,8,9]的结果是 object，因此用 typeof 运算符并不能检测对象是否是一个
　　　Array 对象。

3.5 案例：使用数组实现"2048"游戏的关键算法

网络游戏的娱乐性、新鲜性可以相对缓解工作上的疲劳，但是过度的玩网络游戏则会影响工作、生活、学习。我们应自觉遵守新闻出版总署公布的健康游戏忠告：抵制不良游戏，拒绝盗版游戏。注意自我保护，谨防受骗上当。适度游戏益脑，沉迷游戏伤身。合理安排时间，享受健康生活。本节将介绍使用数组实现"2048"游戏关键算法。

3.5.1 案例呈现

"2048"游戏界面，如图 3-2 所示。游戏的规则是通过按键"↑""→""↓""←"控制所有方块向同一个方向运动，两个相同的数字方块撞在一起之后合并成为它们的和，每次操作之后会随机生成一个数字 2，最终得到一个"2048"的方块时代表胜利。

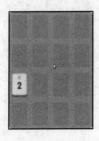

图 3-2 "2048"游戏界面

3.5.2 案例分析

如图 3-2 所示,将第一列数据自上而下看作数组[0,0,2,0],当用户此时按键盘的"↑"键,会得到如图 3-3 所示的界面。

由图 3-3 可知,第一列的数据变成数组[2,0,0,0]。当用户此时再按键盘的"←"键时,会得到如图 3-4 所示的界面。由图 3-4 可知,第二行的数据从数组[0,0,2,0]变成[2,0,0,0]。

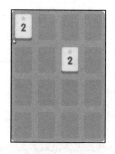

图 3-3 按"↑"键后的游戏界面

图 3-4 按"←"键后的游戏界面

经分析,按照游戏规则,当按键盘的"↑"键时,将游戏看成 4 列数据,即将 4 个数组转换为新的 4 个数组;其余按键规则一致。因此"2048"游戏关键算法是将 4 行或 4 列数据的每行或每列,从一个数组按规则变换为另一个数组。数组数据是以 2 为基数的任意数值,例如 0、2、4、8、16、32、64、128 等,长度是 4。数组变换规则如下:

(1)从索引号为 0 的第一个元素开始,相邻两个元素两两比较。

(2)如果数组元素的值是 0 则跳过,和下一位比较。

(3)若比较的两个元素不一致,则将第一个元素放入新数组,第二个元素继续两两比较。

(4)若比较的两个元素一致,则将两个元素相加的结果放入新数组,并从下一个没有参与比较的元素继续开始比较。

(5)若新数组长度小于 4,则在转换后的数组末尾插入 0,使它长度等于 4。

数组变换示例如表 3-2 所示。

表3-2 数组变换示例

原 数 组	新 数 组
[2,2,2,2]	[4,4,0,0]
[2,0,2,2]	[4,2,0,0]
[2,4,2,2]	[2,4,4,0]
[2,4,4,2]	[2,8,2,0]
[0,2,0,2]	[4,0,0,0]

3.5.3 案例实现

```
1 <!DOCTYPE html>
2 <html lang="en">
3   <head>
4   </head>
```

```
5  <body>
6      <script>
7          var arr = [0,2,0,2];// 测试数据
8          var newArr = [];
9          for (var i = 0; i < arr.length; i++) {
10         // 数组元素的值是 0，则跳过
11             if (arr[i] != 0) {
12                 // 找到下一个值不是 0 的元素
13                 for (var j = i + 1; j < arr.length; j++) {
14                     if (arr[j] != 0) break;
15                 }
16                 // 若比较的两个元素不一致
17                 if (arr[i] != arr[j]) {
18                     // 将当前值放入新数组
19                     newArr.push(arr[i]);
20                 } else {
21                     // 若比较的两个元素一致，相加的结果放入新数组
22                     newArr.push(arr[i] + arr[j]);
23                     // 从下一个没参与比较的元素继续开始比较
24                     i = j;
25                 }
26             }
27         }
28         // 若变换后的数组长度小于 4，则在转换后的数组末尾插入 0
29         if (newArr.length < 4) {
30             for (var i = 0; i < arr.length; i++) {
31                 if (!newArr[i]) newArr[i] = 0;
32             }
33         }
34         console.log(newArr);
35     </script>
36 </body>
37 </html>
```

案例程序中，第 7 行代码定义了一个测试数组 arr，它有 4 个元素；第 8 行代码定义了一个转换后的新数组 newArr；第 9~27 行代码按照数组变换规则，通过 for 循环两两比较数组中的每个元素；第 29~33 行代码判断数组长度，如果小于 4，则在转换后的数组末尾插入 0；第 34 行代码输出新数组的值。案例程序在 Chrome 浏览器控制台的输出结果，如图 3-5 所示。

[4, 0, 0, 0]

图 3-5　案例输出结果

3.6　本章小结

本章介绍了 JavaScript 数组概念、数组创建、数组访问以及数组常用的属性和方法，然后使用数组实现了 "2048" 游戏的关键算法。本章可使读者掌握 JavaScript 数组的概念和使用方法，为后

续章节内容的学习奠定基础。

3.7 本章常见面试题

1. 如何移除一个数组里面重复的元素，请写出相应的代码。

方法 1：遍历数组中的元素，依次两两比较，如果相等，则把后面一个元素从数组中删除。示例如下：

```
var arr = [1, 1, 2, 4, 2];
for (var i = 0; i < arr.length; i++) {
    for (var j = i + 1; j < arr.length; j++) {
        if (arr[i] == arr[j]) {
            arr.splice(j, 1);// 删除数组元素
            j--;
        }
    }
}
console.log(arr);// 输出[1, 2, 4];
```

方法 2：创建一个新数组，把原数组中的元素逐个添加到新数组中。判断新数组中是否已经包含原数组中的元素，如果没有，则把原数组中的元素添加到新数组；如果已经存在，则不添加。示例如下：

```
var arr = [1, 1, 2, 4, 2];
var newArr = [];
for (var i = 0; i < arr.length; i++) {
    if (newArr.indexOf(arr[i]) === -1) {
        newArr.push(arr[i]);
    }
}
console.log(newArr);// 输出[1, 2, 4];
```

2. forEach()方法与 map()方法有和异同？

（1）相同点。

① 都是循环遍历数组中的每一项。
② 只能遍历数组。

（2）不同点。

① map()方法会分配内存空间存储新数组并返回，forEach()方法不会返回数据。
② forEach()方法允许 callback 更改原始数组的元素。map()方法不改变原数组。

3.8　实践操作练习题

1. 计算数组[2,6,1,7, 4]里面所有元素的和以及平均值。

2. 计算数组[2,6,1,77,52,25,7]中的最大值。

3. 将数组 ['red', 'green', 'blue', 'pink', 'purple']的内容反转，不使用 reverse()方法。

4. 实现冒泡排序算法。

5. 输入某年某月某日，判断这一天是这一年的第几天。本习题在 Chrome 浏览器中输出结果，如图 3-6 所示。

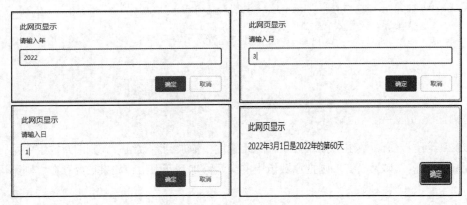

图 3-6　练习题 5 输出结果

6. 统计数组 arr 中值等于 item 的元素出现的次数。例如数组[4,4,3,4,3]，当 item=4 时，出现的次数为 3。

7. 给定一个包含红色、白色和蓝色，一共 n 个元素的数组，原地对它们进行排序，使得相同颜色的元素相邻，并按照红色、白色、蓝色顺序排列。此题中，使用整数 0、1 和 2 分别表示红色、白色和蓝色。输入样例：[2,0,2,1,1,0]，输出样例：[0,0,1,1,2,2]。

第4章

函　数

函数是完成一定功能的代码段，当需要使用该功能时，调用该函数即可。函数可以将程序中重复的代码模块化，减少代码量，增强代码的重用性，提高程序的可读性和效率，并且便于后期维护。本章将介绍 JavaScript 函数的使用。

📖 本章学习目标

（1）理解函数的概念。
（2）掌握定义函数、调用函数的方法。
（3）掌握常用内置函数的用法。
（4）理解变量的作用域。
（5）掌握使用函数解决"渔夫打鱼晒网"程序设计等实际问题的方法。

4.1　函数概述

项目开发中需要重复执行某些操作，例如数据更新、数据查询、数据排序等，如果每个功能的操作都重新编写一次代码的话，不仅加大了开发人员的工作量，而且对后续的维护也有较大影响。因此，项目开发中可以使用函数来解决这种重复性的编码操作。

函数是一段实现特定功能的代码段，只需要编写一次，使用时直接调用该函数就可以实现特定的功能，因此提高了程序员的开发效率，提高了代码的可读性。JavaScript 函数可以分为自定义函数和内置函数两种。

4.2　自定义函数

自定义函数是开发者根据实际功能需求定义的函数，通常将某段实现特定功能的代码定义成一个函数，写在一个独立的代码块中，在需要使用的时候调用。

4.2.1 函数的定义

JavaScript 使用关键字 function 来定义函数，包括有名函数和匿名函数。

有名函数语法格式如下：

```
function 函数名 ([参数 1,参数 2,…,参数 n])
{
    函数体;
    [return 返回值;]
}
```

匿名函数语法格式如下：

```
var fn = function ([参数 1,参数 2,…,参数 n])
{
    函数体;
    [return 返回值;]
}
```

语法格式说明如下：

（1）function：函数定义时必须使用的关键字。函数是对象类型，但 typeof 的结果是"function"，而不是"object"。

（2）函数名：定义的函数名称，像变量名一样，必须符合标识符的命名规则，遵循命名规范，通常是动名词，例如 getElementById。

（3）参数 1，参数 2，…，参数 n：形参列表，默认值是 undefined。根据实际情况，可以有形参，也可以没有形参。当有多个参数时，中间以"，"隔开，函数调用时需要给形参传递值。

（4）函数体：函数定义的主体，是函数功能实现的代码。

（5）返回值：使用 return 关键字将需要返回的数据传递给调用者。如果没有返回值，则省略 return 语句，此时函数返回 undefined。

（6）fn 是一个变量名，变量值是一个函数。

（7）有名函数和匿名函数的区别：有名函数可以预解析，因此有名函数可以在定义之前使用，而匿名函数必须在定义后才可以使用。

函数定义，示例如下：

（1）定义带 return 语句的有名函数。

```
function getSum(num1, num2) {
    return num1 + num2;
}
```

上述代码定义了名为 getSum 的函数，其中有 2 个形参 num1 和 num2，函数返回传入的两个参数值的和。

（2）定义不带 return 语句的有名函数。

```
function sayHi(name) {
    console.log('hi~~'+name);
}
```

上述代码定义了名为 sayHi 的函数，其中有 1 个形参 name，函数向控制台输出结果。

（3）定义匿名函数。

```
var getSum = function (num1, num2) {
    return num1 + num2;
}
```

上述代码将一个匿名函数赋值给变量 getSum，其余语法和有名函数一样。

4.2.2　函数的调用

函数定义后，函数内部的代码并不会自动执行。函数的执行需要通过调用函数来实现。有名函数调用的语法格式如下：

函数名([参数 1, 参数 2, …])

匿名函数调用的语法格式如下：

变量名([参数 1, 参数 2, …])

其中，"参数 1，参数 2，…"表示实参列表，是可选的，小括号必不可少。

下面演示函数的定义和调用。

【例 4-1】调用有名函数

```
function getSum(num1, num2) {
    return  num1 + num2;
}
alert(getSum(1,2));
```

例 4-1 定义了有名函数 getSum，它有 2 个参数，函数的功能是返回两个参数的值的和。调用函数 getSum，将数值 1 和 2 分别传递给参数 num1 和 num2，例 4-1 在 Chrome 浏览器控制台中的运行结果，如图 4-1 所示。

图 4-1　【例 4-1】运行结果

提示：例 4-1 中，将调用函数的语句 alert(getSum(1,2))写在函数定义前也可以。有名函数可以预解析，因此有名函数可以在定义之前使用。

【例 4-2】调用匿名函数

```
var getSum = function (num1, num2) {
```

```
        return  num1 + num2;
    }
alert(getSum(1,2));
```

例 4-2 将匿名函数赋值给了变量 getSum，它在 Chrome 浏览器控制台中运行结果，如图 4-1 所示。匿名函数必须在定义后才可以使用。将调用函数的语句 alert(getSum(1,2)) 写在函数定义，程序会发生错误。

调用函数传入的实参和形参的个数要保持一致，不匹配的情况说明如表 4-1 所示。

表4-1　实参和形参不匹配的情况说明

参数个数	说　明
实参个数多于形参个数	只取到形参的个数
实参个数小于形参个数	多的形参的值是 undefined

4.2.3　函数的返回值

调用函数时，有时需要得到处理的结果，这个结果就称为返回值。JavaScript 使用 return 语句终止函数的执行并将结果返回给调用者。return 语句后跟的返回值可以是变量、数组、函数等任意类型的值。当没有 return 语句，或者 return 语句后没有指明返回的值时，函数都返回"undefined"。

【例 4-3】return 的使用

```
function getSum (num1, num2) {
    if(typeof num1 !== 'number' || typeof num2 !== 'number'){
        return '请输入数字';// return 使函数中止执行，它后面的代码不再执行
    }
    return num1 + num2;
}
console.log(getSum('1',2));
console.log(getSum(1,'2'));
console.log(getSum(1,2));
```

例 4-3 定义了函数 getSum()，它通过 return 语句将两个数的和返回。当调用函数传入的实参有一个不是数字时返回提示信息"请输入数字"，return 语句后的代码不会被执行，因此不会计算 num1 和 num2 的和。例 4-3 在 Chrome 浏览器中的运行结果，如图 4-2 所示。

```
请输入数字
请输入数字
3
```

图 4-2　【例 4-3】运行结果

当 return 语句需要返回多个值时，可以在函数中定义一个数组，将多个值存储到数组中，然后通过 return 语句将数组返回。

【例 4-4】返回两个数的加减乘除结果

```
function getResult(num1, num2) {
```

```
        return [num1 + num2, num1 - num2, num1 * num2, num1 / num2];
    }
    var result = getResult(1, 2); // 返回的是一个数组
    console.log(result);
```

例 4-4 定义了函数 getResult()，它通过 return 语句将两个数的加减乘除的值返回。return 语句将加减乘除的值存储到数组中，因此可返回多个值。例 4-4 在 Chrome 浏览器中的运行结果，如图 4-3 所示。

```
[3, -1, 2, 0.5]
```

图 4-3　【例 4-4】运行结果

【例 4-5】没有 return 语句的函数返回值

```
function sayHi(name) {
    console.log('hi~~' + name);
}
var result = sayHi("雪容融");
console.log(result);
```

例 4-5 定义了函数 sayHi()，它向控制台输出字符串"hi~~"和实参拼接的字符串。由于函数没有 return 语句，因此变量 result 的值是函数的返回值 undefined。例 4-5 在 Chrome 浏览器中的运行结果，如图 4-4 所示。

```
hi~~雪容融
undefined
```

图 4-4　【例 4-5】运行结果

提示：break、continue 和 return 的区别。

    ① break 结束当前的循环体。

    ② continue 跳出本次循环，继续执行下次循环。

    ③ return 不仅可以退出循环，还能够返回 return 语句中的值，同时还可以结束当前函数执行。

4.2.4　arguments 对象

arguments 对象是所有函数中都可用的局部变量。它是一个类数组对象，存储了传递给函数的每个实参，可以使用 arguments[下标]的格式来访问。arguments 对象的属性 length 可以获取实参的个数。函数不确定有多少个参数需要传递的时候，可以用 arguments 对象来获取。

【例 4-6】使用 arguments 对象计算一批数的最大值

```
function getMax() { // 没有形参
    var max = arguments[0];
    for (var i = 1; i < arguments.length; i++) {
        if (arguments[i] > max) {
```

```
            max = arguments[i];
        }
    }
    return max;
}
console.log(getMax(1, 2, 3));
console.log(getMax(1, 2, 3, 4, 5));
console.log(getMax(11, 2, 34, 444, 5, 100));
```

例 4-6 定义了函数 getMax()，它返回一批数的最大值。由于参数个数不确定，函数 getMax() 省略了形参，通过 arguments 对象来获得实参的值。例 4-6 在 Chrome 浏览器中的运行结果，如图 4-5 所示。

| 3 |
| 5 |
| 444 |

图 4-5 【例 4-6】运行结果

> **提示**：类数组对象和数组一样拥有 length 属性，可以使用方括号 "[]" 访问对象的属性，但其不具有数组的方法，不是 Array 类型。JavaScript 中常见的类数组有 arguments 对象和 DOM 方法的返回结果。

4.2.5　变量作用域

变量作用域是指变量的作用范围，即变量起作用的程序代码范围。在 ECMAScript 6 之前，变量的作用域分为全局作用域和局部作用域（也称函数作用域）两种。根据作用域的不同，变量可以分为全局变量和局部变量。

1. 全局变量

全局变量是定义在所有函数之外的变量，由于 var 支持变量提升，所以 var 声明的全局变量对整个页面的 JavaScript 代码有效。全局变量不在某个函数内部，其作用域内的函数都可以访问它。

【例 4-7】全局变量

```
var a = 1;// 全局变量
function fn() {
    console.log(a);
    console.log(b);
}
var b = 2; // 全局变量
fn();
```

例 4-7 在函数外定义了全局变量 a 和 b，其作用域对整个页面的 JavaScript 代码有效。在函数 fn() 内部可以访问全局变量，因此调用函数 fn() 会输出全局变量的值 1 和 2。例 4-7 在 Chrome 浏览器中的运行结果，如图 4-6 所示。

图 4-6 【例 4-7】运行结果

2. 局部变量

局部变量是定义在函数中的变量，其作用域为整个函数内部；函数的形参变量等同于函数内部定义的局部变量。在函数内不使用 var 声明的变量是全局变量（不建议使用）。

局部变量只能在作用域内使用，在作用域外不能使用。需要注意的是，一旦执行流程退出函数，局部变量就会销毁，并释放空间。如果局部变量和全局变量同名，则在函数作用域中，局部变量会覆盖全局变量。

【例 4-8】局部变量

```
var a = 1;
function fn() {
    var a = 5;
    console.log(a);
}
fn();
```

例 4-8 在 Chrome 浏览器控制台中的输出结果为：

```
5
```

例 4-8 在函数外定义了全局变量 a，其作用域对整个页面的 JavaScript 代码有效。在函数 fn()内部定义了局部变量 a，由于同名，在函数作用域中，局部变量会覆盖全局变量，因此调用函数 fn()会输出局部变量的值 5。

提示：全局变量和局部变量的区别。

① 全局变量只有在浏览器关闭时才会被销毁，因此比较占内存。局部变量在代码块运行结束后，就会被销毁，因此更节省内存空间。

② 如果局部变量和全局变量同名，则在函数作用域中，局部变量会覆盖全局变量。

3. 预解析

预解析也称变量、函数提升。JavaScript 程序的执行包括两个过程：预解析过程和逐行解读过程。在预解析过程中，当前作用域中的 var 变量声明和函数定义将被提升到作用域的最高处。

【例 4-9】预解析

```
1 console.log(a);
2 console.log(b);
3 fn();
4 f();
5 var a = 1;
6 function fn() {
7     console.log("拼搏成就梦想，奋斗创造精彩");
```

```
 8 }
 9 var f = function (){
10 }
11 var b = 9;
```

例 4-9 第 5 行和 11 行代码分别定义了全局变量 a 和 b，预解析时它们会被提升到全局作用域的最高处，在第 1 和 2 行输出时，它们是有声明的，但对应的值不会提升，因此输出 undefined。第 6 行代码定义了函数 fn，预解析时它会被提升到全局作用域的最高处，在第 3 行调用时，正常输出结果。第 9 行代码将匿名函数赋值给了全局变量 f，预解析时变量 f 会被提升到全局作用域的最高处，但对应的值不会提升，f 的值是 undefined 而不是一个函数，因此在执行第 4 行代码时会发生错误。例 4-9 在运行前，经过预处理后的代码逻辑如下所示。

```
 1 var a;// 变量提升
 2 var b; // 变量提升
 3 function fn() {// 函数提升
       console.log("拼搏成就梦想，奋斗创造精彩");
   }
 4 var f; // 变量提升
 5 console.log(a);
 6 console.log(b);
 7 fn();
 8 f();
 9 a = 1;
10 f = function (){
11 }
12 b = 9;
```

例 4-9 在 Chrome 浏览器控制台中的运行结果，如图 4-7 所示。

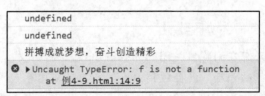

图 4-7 【例 4-9】运行结果

4.2.6 函数的嵌套调用和递归调用

1. 嵌套调用

JavaScript 中的各个函数是相互平行独立的，没有从属关系，但是可以在一个函数内调用另一个函数，这种方式称为函数的嵌套调用。函数嵌套调用由内向外执行。

【例 4-10】求三个数的最大值

```
1 function maxValue(a, b) {
2     return a >= b ? a : b;
3 }
4 console.log(maxValue(5, maxValue(6, 2)));
```

例 4-10 中第 1~3 行代码定义了函数 maxValue()；第 4 行代码先调用 maxValue(6,2)，求出最大值为 6，然后第 2 次调用 maxValue() 函数，将 6 作为函数的第二个参数，执行 maxValue(5,6)，最后结果为 6。例 4-10 在 Chrome 浏览器控制台中输出结果为：

```
6
```

2. 递归调用

递归调用，是指在调用一个函数的过程中又直接或间接地调用该函数本身。递归调用不能无限地递归下去，必须要有递归结束的条件，而且每次递归都应向结束条件迈进，直到满足结束条件而停止递归调用。

【例 4-11】有 5 个学生坐成一排，问第 5 个学生的年龄，她说比第 4 个学生大 2 岁；问第 4 个学生的年龄，她说比第 3 个学生大 2 岁；问第 3 个学生的年龄，她说比第 2 个学生大 2 岁；问第 2 个学生的年龄，她说比第 1 个学生大 2 岁；问第 1 个学生的年龄，她说她 10 岁。请问第 5 个学生的年龄多大

根据题意，第 1 个学生是 10 岁，每个学生年龄都比其前 1 个学生的年龄大 2 岁。假设有 n 个学生年龄的函数 age(n)，第 1 个学生是 10 岁，则可以表示为 age(1)=10；要求第 5 个学生年龄，就需要知道第 4 个学生的年龄，可以表示为 age(5)=age(4)+2；要求第 4 个学生年龄，就需要知道第 3 个学生的年龄，可以表示为 age(4)=age(3)+2；要求第 3 个学生年龄，就需要知道第 2 个学生的年龄，可以表示为 age(3)=age(2)+2；要求第 2 个学生年龄，就需要知道第 1 个学生的年龄，可以表示为 age(2)=age(1)+2；当看到 age(1)，就知道 age(1)=10。然后再反推即可求出第 5 个学生的年龄。示例如下。

```
function age(n) {
    if (n == 1) c = 10;
    else c = age(n - 1) + 2;
    return c;
}
console.log(age(5));
```

例 4-11 中函数 age() 被调用了 5 次，分别是 age(5)、age(4)、age(3)、age(2)、age(1)。只有 age(5) 在函数外调用一次，其余 4 次是在 age() 函数中调用，即 age() 函数自己调用自己，递归调用了 4 次。例 4-11 在 Chrome 浏览器控制台中的输出结果为：

```
18
```

4.2.7　回调函数

回调函数是一个被作为参数传递的函数。当一个函数 A 作为参数传递给一个函数 B，然后在 B 的函数体内调用函数 A，函数 A 被称为回调函数。回调函数常见形式是匿名函数。

【例 4-12】回调函数

```
function calc(num1,num2,func) {
    return func(num1, num2);
}
```

```
function add(num1, num2) {    // 加法
    return num1 + num2;
}
function sub(num1, num2) {    // 减法
    return num1 - num2;
}
function mul(num1, num2) {    // 乘法
    return num1 * num2;
}
console.log(calc(1,2,add));
console.log(calc(1,2,sub));
console.log(calc(1,2,mul));
```

例 4-12 中，函数 add()、sub()、mul()作为实参传递给函数 calc()，因此 add()、sub()、mul()被称为回调函数。函数 calc()的功能是返回 func(num1, num2)的值。例 4-12 在运行时，通过不同的回调函数，来决定函数 calc()的行为，这提供了非常大的灵活性。Array 对象的方法 sort()、forEach()、some()等，都使用回调函数实现调用者指定的具体功能。例 4-12 在 Chrome 浏览器控制台中的运行结果，如图 4-8 所示。

```
3
-1
2
```

图 4-8 【例 4-12】运行结果

4.3 内置函数

JavaScript 提供了丰富的内置函数，可直接使用。常用的内置函数，如表 4-2 所示。

表4-2 常用内置函数

函　　数	功　　能
isFinite()	确定一个值是否为一个有限数值
parseInt()	解析字符串并返回整数
parseFloat()	解析字符串并返回浮点数
Number()	将对象参数转换为表示对象值的数字
isNaN()	确定一个值是否为 NaN

1. isFinite()函数确定一个值是否为一个有限数值

语法：isFinite(value)

参数描述：value 是被检测的值。

返回值：如果被检测的值是 NaN、正无穷大或者负无穷大，则返回 false，否则返回 true。示例如下：

```
isFinite(Infinity); //  false
```

```
isFinite(NaN); //  false
isFinite(-Infinity); //  false
isFinite(0); //  true
isFinite("0");//  true，因为 isNaN("0")返回 false
isFinite("HELLO");//  false，因为 isNaN("Hello")返回 true
```

2. parseInt()函数解析字符串并返回整数

语法：parseInt(string, radix)

参数描述：string 代表解析的字符串。radix 代表要使用的数字系统的数字（从 2~36），如果省略 radix，默认值为十进制基数。

返回值：从给定的字符串中解析出的一个整数。如果第一个字符不能转换为数字，则返回 NaN。示例如下：

```
console.log(parseInt("10"));          //输出：10
console.log(parseInt("10.00"));       //输出：10
console.log(parseInt("10.33"));       //输出：10
console.log(parseInt("34 45 66"));    //输出：34
console.log(parseInt("  60  "));      //输出：60
console.log(parseInt("40 years"));    //输出：40
console.log(parseInt("He was 40"));   //输出：NaN
console.log(parseInt("10", 10));      //输出：10
console.log( parseInt("10", 8));      //输出：8
console.log(parseInt("0x10"));        //输出：16
console.log(parseInt("10", 16));      //输出：16
```

3. parseFloat()函数解析字符串并返回浮点数

语法：parseFloat (string)

参数描述：string 是要解析的字符串。

返回值：解析字符串并返回浮点数。如果第一个字符不能转换为数字，则返回 NaN。

示例如下：

```
console.log(parseFloat ("10.33"));     //输出：10.33
console.log(parseFloat ("34 45 66"));  //输出：34
console.log(parseFloat ("  60  "));    //输出：60
console.log(parseFloat ("40 years"));  //输出： 40
console.log(parseFloat ("He was 40")); //输出： NaN
```

4. Number()函数将对象参数转换为表示对象值的数字

语法：Number(object)

参数描述：object 是待转换的 JavaScript 对象。

返回值：将不同的对象值转换为数字。如果该值无法转换为合法数字，则返回 NaN。如果未提供参数，则返回 0。

示例如下：

```
console.log(Number (true));           //输出：1
console.log(Number (false));          //输出：0
```

```
console.log(Number ("789"));        // 输出：789
console.log(Number ("40 years"));  // 输出： NaN
console.log(Number ("He was 40")); // 输出： NaN
```

5. isNaN()函数确定一个值是否为 NaN

语法：isNaN(value)

参数描述：value 代表被检测的值。

返回值：isNaN()函数将被检测的值转换为数字，然后对转换后的结果判断是否是 NaN。如果能转换为数字，则返回 false，否则返回 true。示例如下：

```
isNaN(123)           // false
isNaN(-1.23)         // false
isNaN(5-2)           // false
isNaN(0)             // false
isNaN('123')         // false，字符串'123'可转换为数字 123
isNaN('Hello')       // true，字符串'Hello'不能转换成数字
isNaN('2005/12/12')  // true，字符串''2005/12/12''不能转换成数字
isNaN('')            // false，空字符串''转换成数字是 0
isNaN(true)          // false，true 转换成数字是 1
isNaN(undefined)     // true
isNaN('NaN')         // true
isNaN(NaN)           // true
isNaN(null)          // false
```

【例 4-13】检测数字字符串

```
function isNumber(x) {
    x = parseInt(x) && Number(x);
    if (isNaN(x)) {
        return false;
    }
    return true;
};
console.log(isNumber("1"));
console.log(isNumber("123"));
console.log(isNumber(""));
console.log(isNumber("40 years"));
```

例 4-13 中，函数 isNumber()的功能是检测参数 x 是否是数字字符串。如果参数 x 是数字字符串，isNumber()返回 true，否则返回 false。以字符串"40 years"为例，Number ("40 years")返回 NaN，而 parseInt("40 years")返回 40，因此只有当 parseInt(x)和 Number(x)返回值都不是 NaN 时，才代表是一个数字字符串。例 4-13 在 Chrome 浏览器控制台中的运行结果，如图 4-9 所示。

图 4-9 【例 4-13】运行结果

4.4 案例："渔夫打鱼晒网"程序设计

程序设计时，把可能需要反复执行的代码封装为函数，然后在需要执行该段代码功能的地方进行调用，这样不仅可以实现代码的复用，更重要的是可以保证代码的一致性，只需要修改该函数代码，则所有调用位置均得到体现。同时，把大任务拆分成多个函数也是"分治法"和"模块化程序设计"的基本思路，这样有利于复杂问题简单化。本节将使用自定义函数实现"渔夫打鱼晒网"程序设计。

4.4.1 案例呈现

若某渔夫从当年1月1日起开始"三天打鱼，两天晒网"，编程实现输入当年的某一天，输出该渔夫是在"打鱼"还是在"晒网"。案例输入/输出效果，如图4-10所示。

图4-10 案例输入/输出效果

4.4.2 案例分析

案例中从当年1月1日起开始"三天打鱼，两天晒网"，则当年1月1日、2日和3日在打鱼，1月4日和5日在晒网，以此类推。首先计算出用户输入日期是这一年中的第几天，由于"打鱼"和"晒网"的周期为5天，将计算出的天数对5取余数，若余数为1、2、3，则他是在"打鱼"，否则是在"晒网"。根据分析，算法设计分为三步。

（1）计算输入日期是当年的第几天，若当年是闰年且输入月份大于2份，则需要多加一天。

（2）将计算出的天数对5取余数。

（3）根据余数判断渔夫是在"打鱼"还是在"晒网"；若余数为1、2、3，则渔夫是在"打鱼"，否则是在"晒网"。

为简化代码，程序中自定义两个函数，实现判断闰年和计算输入日期是当年的第几天的功能，然后在程序中调用。

4.4.3 案例实现

```
1  <!DOCTYPE html>
2  <html lang="en">
```

```
3   <head>
4   </head>
5   <body>
6    </script>
7        function isLeap(year) { // 判断是否为闰年
8            if (year % 4 === 0 && year % 100 !== 0 || year % 400 === 0) {
9                return true;
10           }
11           return false;
12       }
13       function getDays(year, month, day) {// 计算计算输入日期是当年的第几天
14           var arr = [31,28,31,30,31,30,31,31,30,31,30,31];//月份
15           for (var i = 0; i < month - 1; i++) {// for 循环让前面月份天数相加
16               day += arr[i];
17           }
18           if (isLeap(year) && month > 2) {// 调用函数
19               day++;
20           }
21           return day;
22       }
23       var year = prompt("请输入年");
24       var month = prompt("请输入月");
25       var day = prompt("请输入日");
26       var n = getDays(year, month, day); // 调用函数
27       if ((n % 5) < 4 && (n % 5) > 0) //余数是1、2 或 3时说明在打鱼，否则在晒网
28           alert(year + "年" + month + "月" + day + "日渔夫在打鱼");
29       else
30           alert(year + "年" + month + "月" + day + "日渔夫在晒网");
31   </script>
32  </body>
33 </html>
```

案例代码中，第 7 行代码定义函数 isLeap(year)，它判断参数年份是否是闰年；第 13 行代码定义函数 getDays(year, month, day)，它调用 isLeap(year)计算输入日期是当年的第几天；第 26 行代码调用 getDays(year, month, day)函数获得输入日期是当年的第几天；第 27~30 行代码将获得的天数对5 取余数，根据余数判断渔夫是在"打鱼"还是在"晒网"，并弹窗显示相应的结果信息。

提示： 从这个案例中，我们可以看出"分工合作""团结合作""合作共赢"思想的作用。在 2020 年新冠疫情大暴发的背景下，强调团结合作尤其有着特殊的意义。当前，新冠肺炎疫情正在全球蔓延，给人民生命安全和身体健康带来巨大威胁，给全球公共卫生安全带来巨大挑战。国际社会最需要的是坚定信心、齐心协力、团结应对，全面加强国际合作，携手赢得这场人类同重大传染性疾病的斗争。只要我们同舟共济、守望相助，就一定能够彻底战胜疫情，迎来人类发展更加美好的明天！

4.5　本章小结

本章介绍了 JavaScript 函数，包括函数定义、函数调用（嵌套调用和递归调用）、返回值、arguments 对象、变量的作用域和常见内置函数，然后通过函数实现了"渔夫打鱼晒网"程序设计。本章可使读者掌握 JavaScript 函数的概念和使用方法，为后续章节内容的学习奠定基础。

4.6　本章常见面试题

1. 函数的作用？

（1）将程序分解成更小的块（模块化）。

（2）降低理解难度，提高程序质量。

（3）减小程序体积，提高代码可重用性。

（4）降低软件开发和维护的成本。

2. 回调函数的作用？

回调函数是一个被作为参数传递的函数。回调函数的使用可以提升编程的效率，同时，有一些需求必须要使用回调函数来实现，例如 Array.sort() 方法需要一个回调函数作为参数，可以使调用者决定排序算法，增加了排序的灵活性。

3. 什么是立即执行函数，它有什么作用？

立即执行函数是一种语法，让函数在定义以后立即执行。立即执行函数的常见形式是声明一个匿名函数，并马上调用这个匿名函数。示例如下：

```
//匿名函数包裹在一个括号运算符中，后面跟一个小括号
(function(){
    //...
})()
```

立即执行函数有以下作用：

（1）不必为函数命名，避免了污染全局变量。

（2）内部形成了一个单独的作用域，可以封装一些外部无法读取的私有变量。

立即执行函数使用场景：

（1）在页面加载完成之后，不得不执行一些设置工作，比如时间处理器、创建对象等。但是这些工作只需要执行一次，比如只需要显示一个时间。

（2）程序需要一些临时变量，但是初始化过程结束之后，就再也不会被用到。这种情况可以用立即执行函数，将所有的代码包裹在它的局部作用域中，不会让任何变量泄露成全局变量。示例如下：

```
当前时间：<span id="today"></span>
```

```
<script>
    (function(){
        var todaydom=document.getElementById("today");
        var today=new Date();
        var year=today.getFullYear();
        var month=today.getMonth()+1;
        var date=today.getDate();
        var msg=year+"年"+month+"月"+date+"日";
        todaydom.innerHTML=msg;
    })()
</script>
```

临时变量 todaydom、days 如果没有包裹在立即执行函数中，将成为全局变量。立即执行函数执行之后，这些变量都不会在全局变量中存在，以后也不会在其他地方使用，有效地避免了污染全局变量。

4. 如何将类数组对象转换为 Array 对象？

类数组对象和数组一样拥有 length 属性，可以使用方括号"[]"访问对象的属性，但其不具有数组的方法，不是 Array 类型。JavaScript 中常见的类数组有 arguments 对象和 DOM 方法的返回结果。

以 arguments 对象为例，常见的转换方法示例如下：

（1）将 arguments 对象的每个元素放入一个数组里。

```
var arr = [];
for(var i=0;i<arguments.length;i++){
    arr.push(arguments [i]) ;
}
console.log(arr) ;
```

（2）使用 ES6 提供的 Array.from()方法。

```
var arr = Array.from(arguments)
console.log(arr)
```

（3）使用 ES6 提供的扩展运算符"..."。

```
var arr = [...arguments];
console.log(arr);
```

4.7 实践操作练习题

1. 设计一个函数，判断输入年份是否是闰年，并在程序中调用此函数。

2. 输入 x，计算并输出下列分段函数 sign(x)的值，sign(x)函数定义如图 4-11 所示。要求定义和调用函数 sign(x)实现该分段函数，程序输入输出效果如图 4-12 所示。

$$sign(x)=\begin{cases} 1 & (x > 0) \\ 0 & (x = 0) \\ -1 & (x < 0) \end{cases}$$

图 4-11 sign(x)函数

图 4-12　调用函数 sign(x)输入/输出效果

3. 使用递归函数计算斐波那契数列第 n 项的值。

斐波那契数列指的是这样一个数列：1、1、2、3、5、8、13、21、34、55、89……这个数列从第 3 项开始，每一项都等于前两项之和。程序输入/输出效果如图 4-13 所示。

图 4-13　练习题 3 输入/输出效果

4. 实现 fizzBuzz 函数，参数 num 与返回值的关系如下：

① 如果 num 能同时被 3 和 5 整除，则返回字符串 fizzbuzz；

② 如果 num 能被 3 整除，则返回字符串 fizz；

③ 如果 num 能被 5 整除，则返回字符串 buzz；

④ 如果参数为空或者不是 Number 类型，则返回 false；

⑤ 其余情况，则返回参数 num。

例如，当 num=15，输出：fizzbuzz。

第5章

JavaScript 对象

数组保存并处理一批数据时，数据只能通过索引值访问，开发者需要清楚数据的索引才能准确地获取数据，但是当数据量庞大时，记忆所有数据的索引值将变得很困难。对象类型可以更好地存储一批数据，它为每项数据设置了属性名称，使得数据结构清晰，方便开发者使用，因此对象在JavaScript 中应用十分广泛。本章将介绍创建对象、访问对象以及常用内置对象的属性和方法。

📖 **本章学习目标**

（1）理解 JavaScript 对象的概念。
（2）掌握创建对象的常用方法。
（3）掌握常用内置对象的属性和方法。
（4）掌握使用对象解决"扫雷游戏随机布雷""高亮显示关键词"等实际问题的方法。

5.1　对象概述

对象是一组无序的相关属性和函数的集合。它的表现形式是一组无序的键/值对，其中的键包括属性名和函数名，值可以是 JavaScript 任意数据类型。对象中的函数也被称为方法。

示例如下：

```
var bdd = {
    name: '冰墩墩',
    sayHi: function () {
        alert('大家好啊~我是 2022 年北京冬季奥运会的吉祥物');
    }
};
```

上述代码，创建了一个名为 bdd 的对象，包括 1 个 name 属性和 1 个 sayHi()方法。

5.2　创建对象

JavaScript 创建对象的常用方式有两种，一种是使用对象直接量创建对象，另一种是使用 new Object()方法创建对象。

1. 使用对象直接量创建对象

对象直接量创建对象是一种简洁、易阅读的方式。对象直接量是由若干键/值对组成的映射表，每对键/值对中的键和值之间使用冒号分隔，不同键/值对用逗号分隔。整个映射表用花括号"{}"括起来。示例如下：

```
var obj = {};// 创建一个名为obj 的空对象
var xrr = {// 创建一个名为 xrr 的对象
    name: '雪容融', // name 是属性名
    sayHi: function () {// sayHi 是方法名
        alert('大家好啊~我是 2022 年北京冬季残奥会的吉祥物');
    }
};
```

2. 使用 new Object()方法创建对象

Object 是 JavaScript 的一种数据类型，用于存储各种键值集合和更复杂的实体。

new 运算符用于创建对象。语法格式如下：

```
new constructor[([arguments])]
```

constructor 是一个指定类型的类或函数。arguments 是一个用于被 constructor 调用的参数列表。对象可以通过 new Object ()方法创建，示例如下：

```
var obj = new Object();// 创建一个名为 obj 的空对象
var srr = new Object();// 创建一个名为 srr 的空对象
srr.name = '雪容融'; // 增加属性 name
srr.sayHi = function () {// 增加方法 sayHi
    alert('大家好啊~我是 2022 年北京冬季残奥会的吉祥物');
}
```

new 运算符会进行如下的操作：

步骤01 创建一个空的、简单的 JavaScript 对象。

步骤02 为步骤（1）新创建的对象添加属性__proto__，将该属性链接至构造函数的原型对象。

步骤03 将步骤（1）新创建的对象作为 this 的上下文。

步骤04 如果该函数没有返回对象，则返回 this。

下面是 2 个使用 new 运算符创建内置对象的示例。

```
var date = new Date();// 创建日期对象
var arr = new Array();// 创建数组对象
```

提示：对象里面的变量称为属性，不需要声明，用来描述该对象的特征。对象里面的函数称为方法，不需要声明，用来描述该对象的行为。

5.3 访问对象

访问对象中的属性和方法可以使用以下三种方式。

1. 点号访问方式

对象实例名.属性名或对象实例名.方法名(实参列表)

2. 方括号访问方式

对象实例名['属性名']
对象实例名['方法名'](实参列表)

【例 5-1】访问对象

```
var tank = {// 坦克对象
    position: {// 位置坐标
        XPosition: 0,// x 坐标
        YPosition: 0// y 坐标
    },
    BombNum: 2,// 炮弹数
    shot: function(){// 发射炮弹
        console.log("坦克发射炮弹");
    },
    move: function(){// 坦克移动
        console.log("坦克移动");
    }
}
console.log(tank.position.XPosition, tank['BombNum']) ;
console.log(tank.move(), tank['shot']()) ;
```

例 5-1 定义了对象 tank，它包含两个属性 position 和 BombNum，两个方法 shot()和 move()。其中 position 属性的值是一个对象。因此可以使用 tank.position.XPosition、tank['BombNum']访问 XPosition 和 BombNum 的值；使用 tank.move()、tank['shot']()执行移动和发射炮弹的动作。例 5-1 在 Chrome 浏览器控制台中的运行结果，如图 5-1 所示。

```
0 2
坦克移动
坦克发射炮弹
```

图 5-1   【例 5-1】运行结果

3. 使用 for-in 遍历对象

遍历对象是对对象的每一个属性进行访问。JavaScript 使用 for-in 语句进行遍历。语法格式如下：

```
for (var key in object) {
    循环代码块;
}
```

每次迭代时，key 代表不同的属性名。object 代表被迭代的对象。

【例 5-2】使用 for-in 语句遍历 tank 对象

```
for (var key in tank) {
```

```
        console.log(key+":"+tank[key]);
    }
```

例 5-2 使用 for-in 语句遍历对象 tank，key 代表每一个属性值，tank[key]访问当前属性的值。例 5-2 在 Chrome 浏览器控制台中的运行结果，如图 5-2 所示。

```
position:[object Object]
BombNum:2
shot:function(){// 发射炮弹
                console.log("坦克发射炮弹");
            }
move:function(){// 坦克移动
                console.log("坦克移动");
            }
```

图 5-2　【例 5-2】运行结果

5.4　常用内置对象

JavaScript 对象分为 3 种：自定义对象、内置对象和浏览器对象。自定义对象由开发者自定义，内置对象由 ECMAScript 提供，浏览器对象包括 DOM 和 BOM。本节将介绍常用的内置对象，浏览器对象在后续章节介绍。

JavaScript 提供了丰富且功能强大的内置对象，常用内置对象包括 Math 对象、Array 对象、Date 对象和 String 对象等。Array 对象已在第 3 章介绍过，本节将主要介绍 Math 对象、Date 对象和 String 对象。

5.4.1　Math 对象

Math 是一个内置对象，它拥有一些数学常数属性和数学函数方法。Math 的所有属性与方法都是静态的，使用时不需要创建 Math 对象，直接使用 Math 对象名来访问属性或方法，如 Math.PI、Math.max()。Math 对象的常用方法，如表 5-1 所示。

表5-1　Math对象常用方法

方 法 名	功 能	举 例	结 果
abs()	返回绝对值	Math.abs(10) ;	结果为 10
ceil()	返回大于变量的最小整数	Math.ceil(10.5) ;	结果为 11
floor()	返回小于变量的最大整数	Math.floor(10.5) ;	结果为 10
max()	返回最大值	Math.max(10, 6);	结果为 10
min()	返回最小值	Math.min(10, 6);	结果为 6
pow()	计算次方	Math.pow(2, 3);	结果为 8
sqrt()	返回平方根	Math.sqrt(4);	结果为 2
round()	对浮点数进行四舍五入	Math.round(6.652) ;	结果为 7
random ()	返回一个浮点数，伪随机数范围从 0 到小于 1，	Math.random();	结果为 0~1 的随机数

【例 5-3】定义函数 getRandomArbitrary(min, max)，返回一个在指定值之间的随机数。这个值不小于 min（有可能等于），并且小于（不等于）max

```javascript
function getRandomArbitrary(min, max) {
    return Math.random() * (max - min) + min;
}
console.log( getRandomArbitrary(5, 10) );
console.log( getRandomArbitrary(5, 10) );
console.log( getRandomArbitrary(5, 10) );
console.log( getRandomArbitrary(5, 10) );
console.log( getRandomArbitrary(5, 10) );
```

例 5-3 中，Math.random()的返回值范围在大于或等于 0 到小于 1 之间，经过算术运算，可以得到的值的范围在大于或等于 min 到小于 max 之间。由于 Math.random()返回随机数，每次调用函数 getRandomArbitrary(5, 10)的输出结果都有可能不同。例 5-3 在 Chrome 浏览器控制台中的运行结果，如图 5-3 所示。

```
9.862265446611197
9.026131463614401
5.968447940580277
5.105760085540515
6.322065273553626
```

图 5-3 【例 5-3】运行结果

【例 5-4】定义函数 getRandIP，返回一个随机 IP 地址，一个合法的 IP 地址范围是"0.0.0.0"到"255.255.255.255"

```javascript
function getRandom(min,max) {
    return min + Math.floor(Math.random() * (max - min));
};
function getRandIP () {
    var arr = [];
    for (var i = 0; i < 4; i ++) {
        arr[i] = getRandom (0,256);
    }
    return arr.join('.')
}
console.log(getRandIP ());
console.log(getRandIP ());
console.log(getRandIP ());
```

例 5-4 中，函数 getRandom(0,256)的取值范围是大于或等于 0 到小于 256 之间的整数。函数 getRandIP()中调用 getRandom (0,256)返回 4 个随机整数值，保存在数组 arr 中，然后调用数组 join()方法，用圆点符号"."将数组元素拼接在一起，得到 IP 地址。每次调用函数 getRandIP()的输出结果都有可能不同。例 5-4 在 Chrome 浏览器中的运行结果，如图 5-4 所示。

```
102.84.74.207
88.166.191.163
96.185.13.170
```

图 5-4　【例 5-4】运行结果

5.4.2　Date 对象

开发者在使用 JavaScript 开发 Web 应用程序时，经常需要处理和时间相关的问题，比如用户访问网站的时间、购买产品下订单的时间、用户登录的时间等。为此，JavaScript 提供了日期时间对象 Date，来满足开发者的需求。

Date 对象用于处理日期和时间。创建 Date 对象实例有四种方式，语法格式如下：

```
var d = new Date();
var d = new Date(milliseconds);
var d = new Date(dateString);
var d = new Date(year, month, day, hours, minutes, seconds, milliseconds);
```

其中，milliseconds 是一个整数值，表示自 1970 年 1 月 1 日 00:00:00 以来的毫秒数；dateString 是表示日期的字符串值；year、month、day、hours、minutes、seconds 和 milliseconds 分别表示年、月、日、小时、分钟、秒、毫秒，其中 day、hours、minutes、seconds 和 milliseconds 可以省略。示例如下：

```
var today = new Date();// 系统当前日期
var d1 = new Date("October 13, 2022 11:13:00");// 2022 年 10 月 13 日 11 点 13 分 0 秒
var d2 = new Date(2022,5,24);// 2022 年 6 月 24 日
var d3 = new Date(2022,5,24,11,33,0);// 2022 年 6 月 24 日 11 点 13 分 0 秒
```

Date 对象的常用方法如表 5-2 所示。

表5-2　Date对象的常用方法

方 法 名	功　能
getFullYear()	返回年份
getHours()	返回小时（从 0~23）
getMinutes()	返回分钟（从 0~59）
getMonth()	返回月份（从 0~11）
getSeconds()	返回秒数（从 0~59）
getDate()	返回月中的第几天（从 1~31）
getDay()	返回星期几（0~6）
toLocaleString()	使用区域设置约定将 Date 对象转换为字符串

【例 5-5】格式化输出当前系统时间

```
var date = new Date();// 获取系统当前时间
var year = date.getFullYear(),
month = date.getMonth() + 1,
day = date.getDay(),
hour = date.getHours(),
```

```
minute = date.getMinutes(),
second = date.getSeconds();
var week = ['星期日', '星期一', '星期二', '星期三', '星期四', '星期五', '星期六'];
hour = hour < 10 ? '0' + hour : hour;// 补 0
minute = minute < 10 ? '0' + minute : minute;
second = second < 10 ? '0' + second : second;
console.log("现在时间是:" + year + '年' + month + '月' + day + '日' + hour + ':'
+ minute + ':' + second + week[day]);
console.log(date.toLocaleString());
```

例 5-5 获取当前系统时间后，使用 Date 对象方法分别获取年、月、日、时、分、秒数据，最后格式化输出，例 5-5 在 Chrome 浏览器控制台中的运行结果，如图 5-5 所示。

现在时间是：2022年5月2日14:52:05星期一
2022/5/2 14:52:05

图 5-5　【例 5-5】运行结果

【例 5-6】新年倒计时

```
function countDown() {
    var nowTime = new Date(); //当前时间
    var nextYear = parseInt(nowTime.getFullYear()) + 1;// 计算下一年年份
    var inputTime = new Date(nextYear + "-1-1 0:0:0"); // 新年时间
    var times = (inputTime - nowTime) / 1000; //  times 是剩余时间总的秒数
    var d = parseInt(times / 60 / 60 / 24); // 天
    d = d < 10 ? '0' + d : d;
    var h = parseInt(times / 60 / 60 % 24); //时
    h = h < 10 ? '0' + h : h;
    var m = parseInt(times / 60 % 60); // 分
    m = m < 10 ? '0' + m : m;
    var s = parseInt(times % 60); // 秒
    s = s < 10 ? '0' + s : s;
    return "距离" + nextYear + "年还剩" + d + '天' + h + '小时' + m + '分钟' + s +
'秒';
    }
console.log(countDown());
```

例 5-6 定义了函数 countDown()，它返回距离下一个新年所剩时间。其中，两个日期时间之差返回相差的毫秒数，通过算法转换成还剩余的天、小时、分钟和秒。例 5-6 在 Chrome 浏览器控制台中的运行结果，如图 5-6 所示。

距离2023年还剩292天13小时28分钟51秒

图 5-6　【例 5-6】运行结果

提示：Date 对象处理日期时间方法很多，但很烦琐，要记住这些方法并不容易，而且
　　　输出的时间往往都不是我们最终想要的本地化时间。项目开发中可以使用
　　　Moment.js、Day.js 等开源日期处理类库来简化代码。

5.4.3 String 对象

String 对象用于处理字符串。字符串可以是使用双引号或单引号括起来的一组字符序列，例如 var str = 'hello'，也可以使用 String 对象创建。语法格式如下：

```
new String(s);
```

参数 s 是要存储在 String 对象中字符串的值。返回值是一个新创建的 String 对象。示例如下：

```
var str = "坚定信心，勇毅前行";// 字符串直接量
var str2 = new String("坚定信心，勇毅前行");
```

提示：由于创建字符串对象需要对字符串直接量包装，从而有可能拖慢执行速度，本书推荐使用字符串直接量处理文本。

下面介绍字符串常用属性和方法。

1. 字符串常用属性

length 属性返回字符串中的字符数目。示例如下：

```
var str = "绿水青山，'植'此青绿";
console.log(str.length);// 输出: 11
```

2. 字符串常用方法

JavaScript 提供了丰富且功能强大的字符串方法，主要包括检索字符串、转换字符串、截取字符串、分割字符串等方法。字符串常用方法，如表 5-3 所示。

表5-3　字符串常用方法

字符串方法分类	方 法 名
检索	charAt()、charCodeAt()、indexof()、lastIndexof()
转换	toUpperCase()、toLowerCase()、trim()
截取	substring()、slice()
分割	split()

（1）检索字符串

① charAt()方法返回指定位置的字符。

语法：stringObject.charAt(index)

参数描述：index 代表字符在字符串中的下标。

返回值：指定位置的字符。字符串中第一个字符的下标是 0。如果参数 index 不在 0 与 string.length 之间，该方法将返回一个空字符串。

示例如下：

```
var str = '"两个奥运"精彩答卷彰显中国贡献';
console.log(str.charAt(3));// 输出：奥
```

② charCodeAt ()方法返回指定位置的字符的 Unicode 编码。

语法：stringObject.charCodeAt(index)

参数描述：index 代表字符在字符串中的下标。

返回值：指定位置字符的 Unicode 编码。这个返回值是 0~65535 之间的整数，如果 index 是负数，或大于等于字符串的长度，则 charCodeAt()返回 NaN。

示例如下：

```
var str = '"两个奥运"精彩答卷彰显中国贡献';
console.log(str. charCodeAt (3));// 输出: 22885
```

③ indexOf()方法返回某个指定的字符串值在字符串中首次出现的位置。

语法：stringObject.indexOf(searchvalue,fromindex)

参数描述：searchvalue 代表需检索的字符串值。fromindex 是可选的整数参数，代表在字符串中开始检索的位置。它的合法取值是 0 到 stringObject.length−1。如省略该参数，则将从字符串的首字符开始检索。

返回值：返回某个指定的字符串值在字符串中首次出现的位置。如果要检索的字符串值没有出现，则该方法返回"-1"。示例如下：

```
var str = '"两个奥运"精彩答卷彰显中国贡献';
console.log(str.indexOf('奥'));// 输出: 3
```

【例 5-7】查找字符串中某字符出现的次数

```
var str = '兑现"两个奥运、同样精彩"的庄严承诺—北京冬奥组委总结冬残奥会';
var index = str.indexOf('奥');
var num = 0;
while (index !== -1) {
    num++;
    index = str.indexOf('奥', index + 1);
}
console.log('"奥"出现的次数是: ' + num);
```

例 5-7 定义了字符串变量 str，使用 indexOf 方法检索字符"奥"出现的次数。由于 indexOf 方法只返回第一个匹配项，因此使用 while 循环遍历整个字符串检索，直到 indexOf 方法返回"-1"结束循环。例 5-7 在 Chrome 浏览器控制台中的运行结果，如图 5-7 所示。

"奥"出现的次数是：3

图 5-7 【例 5-7】运行结果

④ lastIndexOf()方法返回一个指定的字符串值最后出现的位置，在一个字符串中的指定位置从后向前搜索。

语法：stringObject.lastIndexOf(searchvalue,fromindex)

参数描述：searchvalue 代表需检索的字符串值。fromindex 是可选的整数参数，代表在字符串中开始检索的位置。它的合法取值是 0 到 stringObject.length-1。如省略该参数，则将从字符串的最后一个字符处开始检索。

返回值：返回某个指定的字符串值在字符串中首次出现的位置。如果要检索的字符串值没有出现，则该方法返回"－1"。示例如下：

```
var str2 = '兑现"两个奥运、同样精彩"的庄严承诺—北京冬奥组委总结冬残奥会'
console.log(str2.lastIndexOf('奥'));//输出: 29
```

提示：indexOf()和 lastIndexOf()都对英文字母大小写敏感。

（2）转换字符串

① toUpperCase()和 toLowerCase()方法用于把英文字符串转换为大写和小写。示例如下：

```
var str="Hello World!"
console.log(str.toUpperCase());// 输出: HELLO WORLD!
console.log(str.toLowerCase());// 输出: hello world!
```

② trim()方法从一个字符串的两端删除空白字符。示例如下：

```
var str = '  Hello world!  ';
console.log(str.trim());// 输出: 'Hello world! '
```

（3）截取字符串

① substring ()方法用于提取字符串中介于两个指定下标之间的字符。

语法：**stringObject.substring(start,stop)**

参数描述：start 规定要提取的子串的第一个字符在 stringObject 中的位置。stop 是要提取的子串的最后一个字符在 stringObject 中的位置加 1。如果省略该参数，那么返回的子串会一直到字符串的结尾。

返回值：一个新的字符串，该字符串值包含 stringObject 的一个子字符串，其内容是从 start 处到 stop－1 处的所有字符。

示例如下：

```
var str = "奋进新征程 建功新时代";
console.log(str.substring(3));// 输出: 征程 建功新时代
console.log(str.substring(1,4));// 输出: 进新征
```

② slice()方法可提取字符串的某个部分，并以新的字符串返回被提取的部分。

语法：**stringObject.slice(start,end)**

参数描述：start 是要抽取的片断的起始下标。如果是负数，则该参数规定的是从字符串的尾部开始算起的位置。例如"－1"指字符串的最后一个字符，"－2"指倒数第二个字符，以此类推。end 是要抽取的片段的结尾的下标。若未指定此参数，则要提取的子串包括 start 到原字符串结尾的字符串。如果该参数是负数，那么它规定的是从字符串的尾部开始算起的位置。

返回值：一个新的字符串。包括字符串 stringObject 中从 start 开始（包括 start）到 end 结束（不包括 end）为止的所有字符。

示例如下：

```
var str = "奋进新征程 建功新时代";
console.log(str.slice(6));// 输出: 建功新时代
console.log(str.slice(6,9));// 输出: 建功新
```

```
console.log(str.slice(-6,-1));// 输出：建功新时
```

（4）分割字符串

split()方法把一个字符串分割成字符串数组。

语法：stringObject.split(separator,howmany)

参数描述：separator 代表从该参数指定的地方分割 stringObject。howmany 指定返回的数组的最大长度。如果设置了该参数，返回的子串不会多于这个参数指定的数组。如果没有设置该参数，则整个字符串都会被分割，不考虑它的长度。

返回值：一个字符串数组。该数组是通过在 separator 指定的边界处将字符串 stringObject 分割成子串创建的。返回的数组中的子串不包括 separator 自身。如果把空字符串用作 separator，那么 stringObject 中的每个字符都会被分割。

示例如下：

```
var str="How-are-you"
console.log(str.split("-"));// 输出：['How','are','you']
console.log(str.split(""));// 输出：['H','o','w','-','a','r','e','-','y','o','u']
console.log(str.split("-",2));// 输出：['How','are']
```

【例 5-8】将字符串"i-love-you"转换成驼峰命名法"iLoveYou"

```
var str = "i-love-you";
var arr = str.split('-');
for (var i = 1; i < arr.length; i++) {
    arr[i] = arr[i].charAt(0).toUpperCase() + arr[i].substring(1);
}
console.log(arr.join(''));
```

例 5-8 定义了一个字符串变量 str，首先使用 split()方法以"-"分割得到字符串数组['i','love','you']。然后将数组的第 2 个元素开始的单词首字母大写，最后调用数组方法 join()，将数组转换为字符串。例 5-8 在 Chrome 浏览器控制台中的运行结果，如图 5-8 所示。

```
iLoveYou
```

图 5-8 【例 5-8】运行结果

提示：split()执行的操作与 join()执行的操作是相反的。

5.4.4 String 对象与正则表达式

正则表达式是计算机科学的一个概念，通常被用来检索、替换那些符合某个模式（规则）的文本。许多程序设计语言都支持利用正则表达式进行字符串操作。在 JavaScript 中，RegExp 对象用于处理正则表达式。

Web 前端的用户名验证、邮箱验证、密码验证、敏感词过滤等，都可以使用正则表达式来实现。本节将介绍常用正则表达式的用法。

1. 常用正则表达式

```
var tel = /^1[3|4|5|7|8]\d{9}$/; // 手机号码规则：只能输入 11 位数字
var userName = /^[a-zA-Z0-9_]{6,16}$/; //用户名规则：只能输入英文字母、数字、下划线，
长度是 6~16 个字符
```

上述代码中，"/"是正则表达式的定界符，"^1[3|4|5|7|8]\d{9}$"表示正则表达式的模式文本。

提示：常用正则表达式可以从 MDN、W3School 等在线资源中获取。

2. RegExp 对象常用方法

test()方法执行一个检索，用来查看正则表达式与指定的字符串是否匹配。

语法：regexObj.test(str)
参数描述：str 代表用来与正则表达式匹配的字符串。
返回值：如果正则表达式与指定的字符串匹配，则返回 true，否则返回 false。

示例如下：

```
var tel = /^1[3|4|5|7|8]\d{9}$/;
console.log(tel.test('15936078521'));// 输出：true
console.log(tel.test('1693607851'));// 第 2 位不符合规则，输出：false
console.log(tel.test('26936078521'));// 第 1 位不符合规则，输出：false
```

【例 5-9】用户名验证

```
1 <input type="text" class="uname"> <span>请输入用户名</span>
2 <script>
3     var reg = /^[a-zA-Z0-9_-]{6,16}$/;
4     var uname = document.querySelector('.uname');
5     var span = document.querySelector('span');
6     uname.onblur = function() {
7         if (reg.test(this.value)) {
8             span.className = 'right';
9             span.innerHTML = '用户名格式输入正确';
10        } else {
11            span.className = 'wrong';
12            span.innerHTML = '用户名格式输入不正确';
13        }
14    }
15 </script>
```

例 5-9 的功能是，当文本框失去焦点时，判断文本框中输入的用户名是否符合规则，并给出相应提示。第 3 行代码声明了一个正则表达式，规则是只能输入英文字母、数字、下划线，长度是 6~16 个字符；第 7 行代码调用正则表达式的 test()方法，检测文本框的值是否符合规则；第 8~11 行代码根据正则表达式的返回值给出相应的提示。当用户输入正确时，例 5-9 在 Chrome 浏览器中的运行效果，如图 5-9 所示。

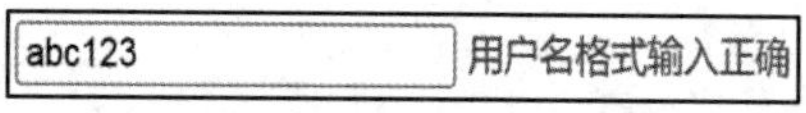

```
abc123            用户名格式输入正确
```

图 5-9　【例 5-9】运行效果

3. String 对象的正则方法

String 对象中常用的正则方法有 repalce()方法、search()方法和 match()方法。下面分别介绍这三种方法。

① replace()方法用于在字符串中用一些字符替换另一些字符，或替换一个与正则表达式匹配的子串。

语法：stringObject.replace(regexp/substr,replacement)

参数描述：egexp/substr 代表子字符串或要替换的模式的 RegExp 对象。replacement 代表替换文本或生成替换文本的函数。

返回值：一个新的字符串，是用 replacement 替换了 regexp 的第一次匹配或所有匹配之后得到的字符串。

示例如下：

```
var str=' abc';
console.log(str.replace(/^\s+/g,"")); //把字符串前端的空白字符删除，输出：'abc'
var str2='禁止暴力';
console.log(str2.replace(/暴力/g,"**")); //敏感词替换，输出：'禁止**'
```

② search()方法用于检索字符串中指定的子字符串，或检索与正则表达式相匹配的子字符串。

语法：stringObject.search(searchvalue)

参数描述：searchvalue 代表查找的字符串或者正则表达式。

返回值：与指定查找的字符串或者正则表达式相匹配的 String 对象起始位置，如果没有找到任何匹配的子串，则返回-1。

示例如下：

```
var str="white red green blue";
console.log(str.search(/blue/)); //搜索字符串 blue，输出：16
```

③ match()方法在字符串内检索指定的值，找到一个或多个正则表达式的匹配。

语法：stringObject.match(searchvalue/regexp)

参数描述：searchvalue/regexp 代表要检索的字符串或者正则表达式。

返回值：存放匹配结果的数组。

示例如下：

```
var str = '1234abcd5678qwer9';
console.log(str.match(/\d+/g));//找出字符串中所有数字，输出：['1234','5678','9']
```

5.5 基本数据类型和复杂数据类型

JavaScript 数据类型分为基本数据类型和复杂数据类型（复杂数据类型也称为引用数据类型）两类。基本数据类型包含了 number（数字）类型、string（字符串）类型、boolean（布尔）类型、

undefined（未定义）类型、null（空）类型；复杂数据类型就是对象类型，包含了对象、数组、函数。下面介绍它们在内存分配、赋值和比较时的区别。

1. 内存分配

基本数据类型变量分配在栈内存中，其中存放了变量的值，对其是按值来访问的。复杂数据类型变量同时分配栈内存和堆内存，其中堆内存存放值，栈内存存放堆内存地址，对其是按引用访问的。示例如下：

```
var obj = {};
var arr = [];
function f(){
}
var date = new Date();
var age = 20;
var str = 'hello';
var bool = true;
```

上述代码定义了复杂数据类型变量 obj、arr、f 和 date。它们的值存在堆内存，在栈内存中存放了堆内存地址；还定义了基本数据类型变量 age、str 和 bool，它们的值存放在栈内存中。上述代码中各变量内存分配情况，如图 5-10 所示。

栈内存	
变量	变量值
obj	地址 1
arr	地址 2
f	地址 3
date	地址 4
age	20
str	'hello'
bool	true

堆内存
Object
Object
function f(){}
Object

图 5-10　变量内存分配情况

2. 赋值

基本类型在从一个变量向另一个变量赋值时，会在该变量上创建一个新值，然后再把该值复制到新变量内存中。基本类型在赋值操作后，两个变量是相互不受影响的。示例如下：

```
var a = 9;
var b = a;
b++;
console.log(a);// 输出：9
```

上述代码中，变量 a 在给 b 赋值后，相互不受影响，a 的值是 9，b 的值是 10。

复杂类型保存在变量中的是对象在堆内存中的地址，赋值操作后，两个变量都保存了同一个对象地址，这两个变量指向了同一个对象。因此，改变其中任何一个变量，都会相互影响。示例如下：

```
var a = [1, 2, 3];
var b = a;
b[0] = 66;
console.log(a); // 输出: [66,2,3]
```

上述代码中，数组是复杂数据类型，变量 a 在给 b 赋值后，a 和 b 指向同一个数组，任何的操作都会相互影响。

3. 比较

基本类型的比较是值的比较，只有在它们的值相等的时候它们才相等。引用类型的比较是比较两个对象的堆内存中的地址是否相同。示例如下：

```
var obj1 = '{}';
var obj2 = '{}';
console.log(obj1 == obj2); // 输出: true
var obj3 = {};
var obj4 = {};
console.log(obj3 == obj4); // 输出: false
```

上述代码中，obj1 和 obj2 是基本类型，值相等。obj3 和 obj4 是对象类型，是两个不同的对象，在堆内存中的地址不相同，因此比较时不相等。

5.6 案　　例

5.6.1 "扫雷"游戏随机布雷

"扫雷"游戏是一款经典的益智小游戏。游戏目标是在最短的时间内找出所有的非雷格子，同时避免踩雷，踩到一个雷即全盘皆输。本节将介绍"扫雷"游戏随机布雷功能的设计与实现。

1. 案例呈现

"扫雷"游戏在游戏区域有 100 个单元格，其中 90 个代表草地，10 个代表地雷，地雷在游戏区域的位置是随机的。每次刷新页面，10 个地雷位置随机改变。随机布雷效果，如图 5-11 所示。

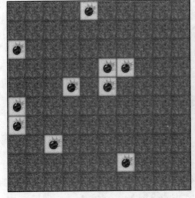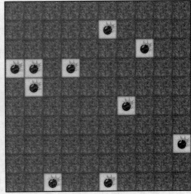

图 5-11　随机布雷效果

2. 案例分析

"扫雷"游戏在游戏区域有 100 个单元格，其中 90 个代表草地，10 个代表地雷。将草地用对象{mine: 0}表示，地雷用对象{mine: 1}表示。将游戏区域看作长度为 100 的数组，元素由 90 个{mine: 0}对象和 10 个{mine: 1}对象组成。随机布雷问题转换为使数组中的 10 个元素{mine: 1}对象出现在不同的索引位置。

3. 案例实现

```
1  <!DOCTYPE html>
2  <html lang="en">
3  <head>
4      <link rel="stylesheet" href="demo.css">
5  </head>
6  <body>
7    <script>
8        var mineMap = [];
9        for(var i=0;i<100;i++){
10           mineMap[mineMap.length] = { mine: 0 };
11       }
12       var minesNum = 10;
13       while (minesNum) {
14           var mineIndex = Math.floor(Math.random() * 100);
15           if (mineMap[mineIndex].mine === 0) {
16               mineMap[mineIndex].mine = 1;
17               minesNum--;
18           }
19       }
20       var s = ' <div class="box" id="box">';
21       for(var i=0;i<100;i++){
22           if(mineMap[i].mine === 0){
23               s += '<div class="block"></div>';
24           }
25           else{
26                s += '<div class="dilei"></div>';
27           }
28       }
29       s += ' </div>';
30       document.write(s);
31    </script>
32  </body>
33  </html>
```

上述程序中，第 4 行代码引入了案例用的 CSS 样式，CSS 代码参见本书配套的源码资源。第 8~11 行代码声明并初始化了数组 mineMap，它包含 100 个元素{mine:0}。第 12~19 行代码将数组的 10 个元素随机修改为{mine:1}。第 20~30 行向页面输出了 90 个 "<div class="dilei"></div>" 标签和 10 个 "<div class="dilei"></div>" 标签。

5.6.2　高亮显示关键词

国务院政府工作报告是中华人民共和国政府的一种公文形式，各级政府都必须在每年召开的当地人民代表大会会议和政治协商会议上，向大会主席团、与会人大代表和政协委员发布这一报告。

政府工作报告为我们的奋斗前行赋予了更鲜明的时代意义。通过学习《政府工作报告》精神，我们要把两会精神落实到日常生活和工作中，自觉践行两会精神，争做时代先锋。

1. 案例呈现

将 2022 年《政府工作报告》中的一段话中的关键词"教育"，在页面上高亮显示。高亮关键词前后对比效果，如图 5-12 所示。

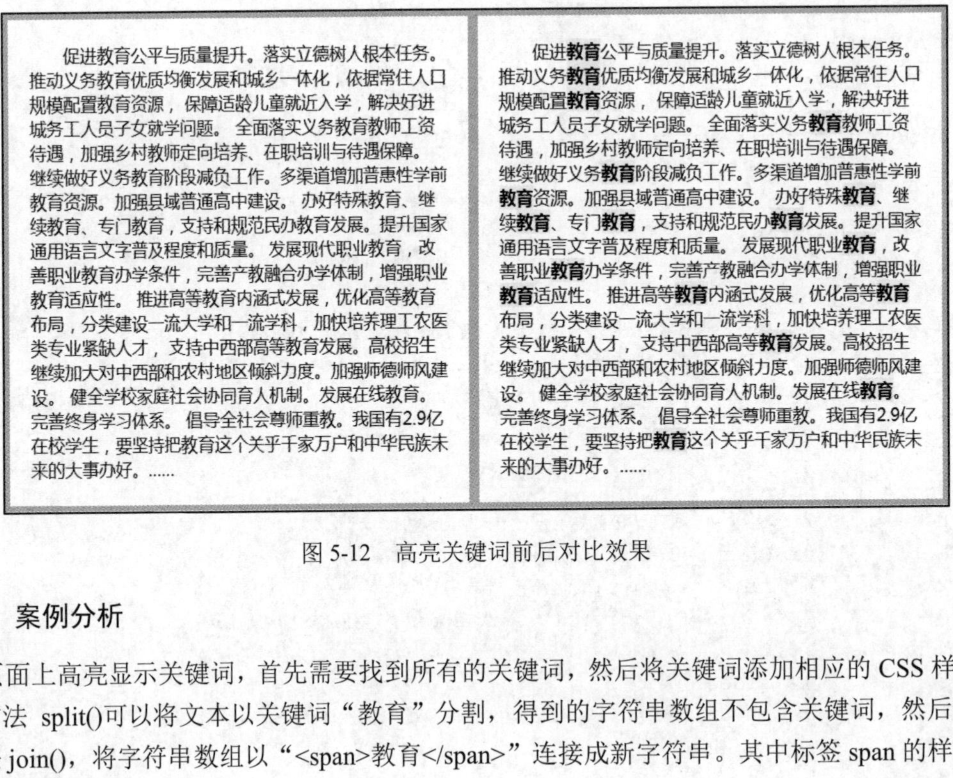

图 5-12　高亮关键词前后对比效果

2. 案例分析

页面上高亮显示关键词，首先需要找到所有的关键词，然后将关键词添加相应的 CSS 样式。字符串方法 split() 可以将文本以关键词"教育"分割，得到的字符串数组不包含关键词，然后使用数组方法 join()，将字符串数组以"教育"连接成新字符串。其中标签 span 的样式设置为高亮颜色。

3. 案例实现

```
1 <!doctype html>
2 <html>
3 <head>
4 <style>
5   p {
6       border: 5px solid #ccc;
7       width: 400px;
8       padding: 20px;
9       font-size: 16px;
10      text-indent: 2em;
```

```
11          float: left;
12      }
13  span {
14          background: yellow;
15          font-weight: 900;
16      }
17  </style>
18  <body>
19  <script>
20      var keyWords = '教育';
21      var text = '促进教育公平与质量提升。落实立德树人根本任务。推动义务教育优质均衡发
展和城乡一体化，依据常住人口规模配置教育资源，保障适龄儿童就近入学，解决好进城务工人员子女就学问
题。全面落实义务教育教师工资待遇，加强乡村教师定向培养、在职培训与待遇保障。继续做好义务教育阶段
减负工作。多渠道增加普惠性学前教育资源。加强县域普通高中建设。办好特殊教育、继续教育、专门教育，
支持和规范民办教育发展。提升国家通用语言文字普及程度和质量。发展现代职业教育，改善职业教育办学条
件，完善产教融合办学体制，增强职业教育适应性。推进高等教育内涵式发展，优化高等教育布局，分类建设
一流大学和一流学科，加快培养理工农医类专业紧缺人才，支持中西部高等教育发展。高校招生继续加大对中
西部和农村地区倾斜力度。加强师德师风建设。健全学校家庭社会协同育人机制。发展在线教育。完善终身学
习体系。倡导全社会尊师重教。我国有 2.9 亿在校学生，要坚持把教育这个关乎千家万户和中华民族未来的
大事办好。……';
22      document.write("<p>" + text + "</p>");
23      document.write("<p>" + text.split(keyWords).join('<span>' + keyWords
+ '</span>') + "</p>");
24  </script>
25  </body>
26  </html>
```

上述代码中，第 5~16 行代码定义了 CSS 样式，其中 span 标签是黄色加粗显示；第 20 行代码
定义了变量 keyWords 存储关键词"教育"；第 21 行代码定义了变量 text 存储文本字符串；第 22
行代码将文本包裹在段落中原样输出；第 23 行代码使用字符串方法 split()将 text 以关键词"教育"
分割，得到的字符串数组不包含关键词，然后使用数组方法 join()，将字符串数组以"教育
"连接成新字符串。在 CSS 样式控制下，关键词是黄色加粗显示，起到高亮显示的效果。

5.7　本章小结

本章介绍了 JavaScript 对象概念、创建对象、访问对象以及常用的内置对象，然后通过对象实
现了"扫雷"游戏的随机布雷和高亮显示关键词两个案例。本章可使读者掌握 JavaScript 对象的概
念和使用方法，为后续章节内容的学习奠定基础。

5.8　本章常见面试题

1. 浅拷贝和深拷贝的区别？

拷贝，就是赋值。把一个变量赋给另外一个变量，就是把变量的内容进行拷贝。

基本类型赋值时，赋的是数据，所以不存在深拷贝和浅拷贝的问题。

浅拷贝和深拷贝都只针对引用数据类型。浅拷贝只复制指向某个对象的指针，而不复制对象本身，新旧对象还是共享同一块内存；深拷贝会另外创造一个一模一样的对象，新对象跟原对象不共享内存，修改新对象不会改到原对象；浅拷贝只复制对象的第一层属性，深拷贝可以对对象的属性进行递归复制。

2. 判断一个字符串'abcabcopdsarweppp'中出现次数最多的字符，并统计其次数。请写出相应的代码。

将字符串的每个元素作为对象属性，属性值是它出现的次数。定义一个对象，如果对象中不存在此属性，则将属性值赋值为 1；如果已经存在此属性，则将值加 1。遍历对象的属性值，得到的最大值就是出现次数最多的字符的属性值。示例代码如下：

```
var str = 'abcdefgggggghijklmnnnn';
var o = {};
for (var i = 0; i < str.length; i++) {
    var chars = str.charAt(i); // chars 是字符串的每一个字符
    if (o[chars]) { // o[chars] 得到的是属性值
        o[chars]++;
    } else {
        o[chars] = 1;
    }
}
var max = 0;
var ch = '';
for (var k in o) {
    // k 得到的是属性名
    // o[k] 得到的是属性值
    if (o[k] > max) {
        max = o[k];
        ch = k;
    }
}
console.log('最多的字符是' + ch+',出现次数是'+ max);
```

3. for、for-in 和 forEach 有何区别？

（1）for 循环是最原始的遍历，自 Javascript 诞生起就有，用于遍历数组。

（2）for-in 是为遍历对象属性而构建的，不建议与数组一起使用。它最常用的地方是用于调试，可以更方便地检查对象的属性。

（3）forEach 是 ECMAScript 5.1 新增的，对数组的每个元素执行一次给定的函数。

5.9 实践操作练习题

1. 使用对象字面量定义对象 myMath。它包含一个值为 3.1415926 的属性 PI，一个 max()方法返回任意个数的最大值。myMath 对象调用示例如下：

```
console.log(myMath.PI);// 输出: 3.1415926
console.log(myMath.max(1,2,3,54,3333)); // 输出: 3333
console.log(Math. max (1,2,3,54)); // 输出: 54
```

2. 定义函数 getRandomInt()，返回一个在指定值之间的随机整数。这个值不小于 min （如果 min 不是整数，则不小于 min 的向上取整数），且小于（不等于）max。函数 getRandomInt()调用示例如下：

```
console.log( getRandomInt(5.3, 10) ); // 输出: 6
console.log( getRandomInt(5, 10) ); // 输出: 9
```

3. 定义函数 getRandStr()，生成一个长度为 n 的随机字符串，字符串字符的取值范围包括 0~9、a~z、A~Z。函数 getRandStr()调用示例如下：

```
console.log(getRandStr(8)); // 输出: 7eNivwOA
console.log(getRandStr(4)); // 输出: 6wSa
```

4. 分时问候。打开页面，根据上午、下午和晚上不同时间段，显示不同的问候语，0~12 点为上午，12~18 点为下午，18 点以后为晚上，如表 5-4 所示。

表5-4 分时问候

时 间 段	问 候 语
上午（0~12 点）	上午好
下午（12~18 点）	下午好
晚上（18 点以后）	晚上好

5. 图片时间。将当前系统时间以图片的形式显示在页面上。其中前两位是小时，中间两位是分钟，后面两位是秒，都采用双位数显示。例如 9 应显示为"09"。页面效果如图 5-13 所示。

图 5-13 图片时间

6. 定义函数 myTrim()，实现和内置对象 String 提供的 trim()方法一样的功能。

7. 定义函数 convert()，将数字转换成千分位格式。函数 convert()调用示例如下：

```
console.log(convert('2359844564654')); // 输出: '2,359,844,564,654'
```

8. 定义函数，根据时间间隔，返回字符串。参数为代表时间的字符串，返回值为包含"刚刚、分钟前、小时前、天前、月前、年前"等字样的字符串。例如，发帖时间是"2022-04-28 16:06:33"，当前时间是"2022-04-28 16:43:36"，则返回字符串"发布于: 36 分钟前"。页面效果如图 5-14 所示。

图 5-14 练习题 8 效果

9. 定义函数。该函数接收两个参数分别为旧版本和新版本，当新版本高于旧版本时，表明需要更新，此时返回 true，否则返回 false。注意：版本号格式为"X.X.X"，0<=X<=9。当两个版本号相同时，不需要更新。

10. 实现以下功能：

① 根据已有的 person 对象的注册时间求出距离当前时间的天数（天数向下取整）。

② 将获得的天数和 person 数据拼接成字符串，作为 h2 标签的内容。

第6章

DOM

浏览器中的 JavaScript 由 ECMAScript、DOM 和 BOM 三个不同的部分组成。DOM（Document Object Model，文档对象模型）提供访问和操作网页内容的方法和接口。开发者使用 DOM 可以实现网页的动态变化，如显示或隐藏一幅图片、改变元素样式、增加或删除元素等，极大地增强了用户与网页的交互性。本章将介绍使用 DOM 来访问文档和其中的元素。

📖 **本章学习目标**

（1）理解 DOM 和事件的概念。
（2）理解 this 关键字指向。
（3）掌握获取元素、操作元素和操作节点的方法。
（4）掌握使用 DOM 实现"留言板""折叠面板"等程序设计。

6.1 DOM 概述

DOM 是 W3C 标准化的 HTML 文档编程接口。它提供了对文档的结构化的表述，允许从程序中对该结构进行访问，从而改变文档的结构、样式和内容。DOM 将文档解析为一个由节点和对象组成的结构集合，从而将 Web 页面和脚本或程序语言连接起来。

DOM 的作用是将 HTML 文档转化为 JavaScript 对象，从而可以使用 JavaScript 来访问和处理网页。每个载入浏览器的 HTML 文档都会成为 document 对象。开发者可以通过 document 对象中对 HTML 页面中的所有元素进行访问。

6.2 获取元素

JavaScript 对 HTML 页面中的元素进行访问首先需要获取元素。CSS 使用 id 选择器、类选择器、后代选择器等选择器获取页面元素，JavaScript 通过 document 对象和 element 对象提供的方法和属性获取元素，如表 6-1 所示。

表6-1　获取元素的方法和属性

方法名/属性名	描　　述
getElementById()	返回对拥有指定 id 的第一个对象的引用
getElementsByName()	返回带有指定名称的对象集合
getElementsByClassName()	返回所有指定类名的元素集合
getElementsByTagName()	返回带有指定标签名的对象集合
querySelector()	返回匹配指定 CSS 选择器的第一个元素
querySelectorAll()	返回匹配指定 CSS 选择器的所有元素
doctype	获取文档类型
documentElement	获取 html 根元素
title	获取文档标题
body	获取 body 元素

（1）getElementById()方法返回对拥有指定 id 的第一个对象的引用。

语法：document.getElementById(id)
参数描述：元素 id 属性值。
返回值：对拥有指定 id 的第一个对象的引用，如果元素不存在，则返回 null。

【例 6-1】getElementById()获取元素

```
1 <div id="time">2022-3-18</div>
2 <script>
3     var timer = document.getElementById('time');
4     console.log(timer);
5     console.log(typeof timer);
6     var timer2 = document.getElementById('time2');
7     console.log(timer2);
8 </script>
```

例 6-1 中，第 3 行代码通过 getElementById()获取 id 值为"time"的元素，输出了元素 div，它的数据类型是对象类型"object"；第 6 行代码通过 getElementById()获取 id 值为"time2"的元素，由于 id 值为"time2"的元素不存在，因此第 7 行代码输出 null。例 6-1 在 Chrome 浏览器控制台中的运行结果，如图 6-1 所示。

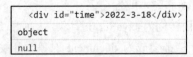

图 6-1　【例 6-1】运行结果

（2）getElementsByName()方法返回带有指定名称的对象集合。

语法：document.getElementsByName(name)
参数描述：元素 name 属性值。

返回值：指定名称的对象集合。

【例 6-2】getElementsByName() 获取元素

```
1 <input name="myInput" type="text" value="1"/>
2 <input name="myInput" type="text" value="2" />
3 <input name="myInput" type="text" value="3" />
4 <script>
5     var myInputs = document.getElementsByName('myInput');
6     console.log(myInputs);
7     console.log(myInputs[0]);
8     console.log(myInputs.length);
9 </script>
```

例 6-2 中，第 5 行代码通过 getElementsByName() 获取 name 值为 "myInput" 的元素；第 6 行代码输出返回的元素节点集合对象 NodeList，它是一个类数组，拥有长度属性，并可以使用下标表达式的方式访问对象中的元素；第 7 行输出返回的第一个元素；第 8 行输出集合长度 3。例 6-2 在 Chrome 浏览器控制台中的运行结果，如图 6-2 所示。

```
▶ NodeList(3) [input, input, input]
  <input name="myInput" type="text" value="1">

3
```

图 6-2　【例 6-2】运行结果

提示：getElementsByName() 返回的是一个集合，即使页面中只有一个选中的元素，也需要使用下标表达式 "[0]" 访问这个元素。

（3）getElementsByClassName() 方法返回所有指定类名的元素集合。

语法：document | element.getElementsByClassName(classname)
参数描述：元素类名，多个类名使用空格分隔。
返回值：指定类名的元素集合。

【例 6-3】getElementsByClassName() 获取元素

```
<div id="oDiv">
    <input class="myInput" type="text" value="1" />
    <input class="myInput" type="text" value="2" />
    <input class="myInput" type="text" value="3" />
</div>
<script>
    var oDiv = document.getElementById('oDiv');
    var myInputs = document.getElementsByClassName('myInput');
    var myInputs2 = oDiv.getElementsByClassName('myInput');
    console.log(myInputs.length);// 输出：3
    console.log(myInputs2.length); // 输出：3
</script>
```

（4）getElementsByTagName() 方法返回带有指定标签名的对象的集合。

语法：document | element.getElementsByTagName(tagname)

参数描述：获取元素的标签名。

返回值：指定标签名的元素集合。

【例 6-4】getElementsByTagName() 获取元素

```
<ul>
    <li></li>
    <li></li>
</ul>
<ol id="ol">
    <li></li>
    <li></li>
</ol>
<script>
    var lis = document.getElementsByTagName('li');
    console.log(lis.length); // 输出: 4
    var ol = document.getElementById('ol');
    var lis2 = ol.getElementsByTagName('li');
    console.log(lis2.length); // 输出: 2
<script>
```

例 6-4 中，document.getElementsByTagName('li') 返回所有的 li 元素，ol.getElementsByTagName('li') 只返回 ol 元素中的 li 元素，不包含 ul 中的 li 元素。

> 提示：getElementsByClassName() 是通过 class 的值获取元素，getElementsByTagName() 是通过 tagname 的值获取元素。它们均可以通过 document 或 element 调用，返回获取的元素集合。使用 element 调用时获取的元素范围更精准，和 CSS 的后代选择器获取元素类似。

（5）querySelector() 返回匹配指定 CSS 选择器的第一个元素，querySelectorAll() 返回匹配指定 CSS 选择器的所有元素。

语法：document | element. querySelector | querySelectorAll(CSS selectors)

参数描述：指定一个或多个匹配元素的 CSS 选择器。

返回值：匹配指定 CSS 选择器的第一个元素或所有元素。

【例 6-5】querySelector() 和 querySelectorAll() 获取元素

```
 1 <div class="box">盒子 1</div>
 2 <div class="box">盒子 2</div>
 3 <div id="nav">
 4    <ul>
 5        <li>首页</li>
 6        <li>产品</li>
 7    </ul>
 8 </div>
 9 <script>
10    var firstBox = document.querySelector('.box');
11    console.log(firstBox);
```

```
12      var nav = document.querySelector('#nav');
13      console.log(nav);
14      var li = document.querySelector('li');
15      console.log(li);
16      var allBox = document.querySelectorAll('.box');
17      console.log(allBox);
18      var lis = document.querySelectorAll('li');
19      console.log(lis);
20  </script>
```

例 6-5 中，第 10 行代码使用 CSS 类选择器返回第一个匹配项"<div class="box">盒子 1</div>"；
第 12 行代码使用 CSS 的 id 选择器返回第一个匹配项 "<div id="nav">…</div>"；第 14 行代码使
用 CSS 的标签选择器返回第一个匹配项"<li>首页</li>"；第 16 行和 18 行代码分别使用 CSS 的类
选择器和标签选择器返回所有的匹配项。例 6-5 在 Chrome 浏览器控制台中的运行结果，如图 6-3
所示。

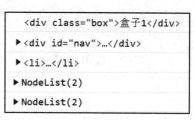

图 6-3　【例 6-5】运行结果

（6）document 属性获取元素。

【例 6-6】document 属性获取元素

```
<!DOCTYPE html>
<html lang="en">
<head>
    <title>Document</title>
</head>
<body>
    <script>
        console.log(document.doctype);// 获取文档类型
        console.log(document.documentElement);// 获取 html 根元素
        console.log(document.title);// 获取文档标题
        console.log(document.body);// 获取 body 元素
    </script>
</body>
</html>
```

例 6-6 分别通过 document 属性获取元素。其中，document.doctype 获取文档类型、
document.documentElement 获取 html 根元素、document.title 获取文档标题、document.body 获取 body
元素。例 6-6 在 Chrome 浏览器控制台中的运行结果，如图 6-4 所示。

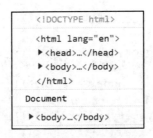

图 6-4　【例 6-6】运行结果

6.3　事件基础

JavaScript 采用事件驱动响应应用户操作。事件是用户与 Web 页面交互时产生的操作，例如移动光标、按下按键、单击按钮等；或 JavaScript 和 HTML 交互后导致发生某种状态变化的事情，例如页面加载完毕、动画执行完毕等。常用的鼠标事件如表 6-2 所示。

表6-2　常用鼠标事件

事　件	描　述
click	用户单击鼠标时触发此事件

事件由三部分组成：事件源、事件类型和事件处理程序。事件发生时，在 Web 页面中产生事件的元素称为事件源；对事件进行处理的程序，称为事件处理程序，通常定义为函数；一旦事件源发生某种类型的事件，浏览器就会调用事件源绑定的处理程序进行事件处理。

事件源绑定事件处理程序的一种方式如下，其余方法详见第 7 章事件处理章节。

事件源.on 事件名 ＝ 事件处理函数

【例 6-7】按钮单击事件

```
<button id="btn">点我</button>
<script>
    var btn = document.getElementById('btn');// 获取元素
    btn.onclick = function() {// 绑定事件处理程序
        alert('hello');
    }
</script>
```

例 6-7 中，事件源是按钮 btn，事件类型是鼠标单击事件 onclick，事件处理程序是匿名函数"function() {alert('hello');"。用户单击按钮时，例 6-7 在 Chrome 浏览器中的运行结果，如图 6-5 所示。

图 6-5　【例 6-7】运行结果

6.4　操作元素

获取 HTML 元素后，开发者可以通过操作元素属性及 CSS 属性来改变元素的内容和样式。语法格式介绍如下。

1. 获取属性的值

① 元素.属性名或元素[属性名]
② 元素.getAttribute(属性名) //getAttribute 是方法名

2. 设置属性的值

① 元素.属性名 = 值或元素[属性名] = 值
② 元素.setAttribute(属性名, 属性值) //setAttribute 是方法名

3. 移除属性的值

元素.removeAttribute (属性名) //removeAttribute 是方法名

【例 6-8】获取和设置属性值

```
1  <div id="time">123</div>
2  <p id="test"></p>
3  <span id="span"></span>
4  <script>
5      var div = document.querySelector('div');
6      var p = document.querySelector('p');
7      var span = document.querySelector('span');
8      console.log('设置前,div 元素的 id 属性的值是: ' + div.id);
9      console.log('设置前,p 元素的 id 属性的值是: ' + p['id']);
10     console.log('设置前,span 元素的id属性的值是:' + span.getAttribute('id'));
11     div.id = 'test';
12     p['id'] = 'test';
13     span.setAttribute('id', 'test');
14     console.log('设置后,div 元素的 id 属性的值是: ' + div.id);
15     console.log('设置后,p 元素的 id 属性的值是: ' + p['id']);
16     console.log('设置后,span 元素的id属性的值是:' + span.getAttribute('id'));
17 </script>
```

例 6-8 中，第 8~10 行代码通过 div.id、p['id']和 span.getAttribute('id')三种方式获取了元素 id 属性的值；第 11~13 行代码通过 div.id、p['id']和 span. setAttribute('id', 'test'))三种方式设置了元素 id 属性的值。例 6-8 在 Chrome 浏览器控制台中的运行结果，如图 6-6 所示。

设置前,div元素的id属性的值是: time
设置前,p元素的id属性的值是: test
设置前,span元素的id属性的值是: span
设置后,div元素的id属性的值是: test
设置后,p元素的id属性的值是: test
设置后,span元素的id属性的值是: test

图 6-6　【例 6-8】运行结果

6.4.1　常用属性操作

1. innerHTML 属性

innerHTML 属性可以访问或设置元素的内容。

【例 6-9】innerHTML 属性

```
<button>显示当前系统时间</button>
<div></div>
<script>
    var btn = document.querySelector('button'); // 获取元素
    var div = document.querySelector('div');
    btn.onclick = function() { // 事件绑定
        var date = new Date();
        div.innerHTML = date.toLocaleString();// 单击按钮,div 里面的内容会发生变化
    }
</script>
```

例 6-9 中，div 元素原来的内容是空的，通过设置 div 元素的 innerHTML 属性，可以将 div 元素的内容设置为当前系统的时间。用户单击按钮时，例 6-9 在 Chrome 浏览器中运行结果，如图 6-7 所示。

图 6-7　【例 6-9】运行结果

2. type 和 src 属性

type 属性可以访问或设置表单元素的类型，src 属性可以访问或设置图片元素的路径。

【例 6-10】显示或隐藏密码

```
1 <div class="box">
2     <label for="">
3         <img src="images/close.png" alt="" id="eye">
4     </label>
5     <input type="password" name="" id="pwd">
6 </div>
7 <script>
8     var eye = document.getElementById('eye');
9     var pwd = document.getElementById('pwd');
10    var flag = 0;// 状态标志
11    eye.onclick = function() {
12        if (flag == 0) {
13            pwd.type = 'text';
14            eye.src = 'images/open.png';
15            flag = 1;
16        } else {
17            pwd.type = 'password';
```

```
18              eye.src = 'images/close.png';
19              flag = 0;
20          }
21      }
22 </script>
```

例 6-10 中，第 13 行和 17 行代码修改表单元素的 type 属性值，当 type 属性值是 text 时，页面显示密码；当 type 属性值是 password 时，页面隐藏密码。第 14 行和 18 行通过修改图片元素的 src 属性值来显示不同的图片。第一次单击图片时，例 6-10 在 Chrome 浏览器中的运行结果，如图 6-8 所示。第二次单击图片时，例 6-10 在 Chrome 浏览器中的运行结果，如图 6-9 所示。

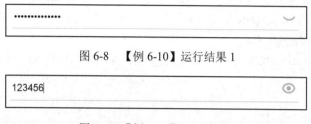

图 6-8　【例 6-10】运行结果 1

图 6-9　【例 6-10】运行结果 2

6.4.2　样式操作

1. 获取样式

（1）使用元素的 style 属性获取行内样式。语法格式如下：

```
element.style
```

（2）使用 getComputedStyle() 方法获取内联样式、嵌入样式和外部样式。语法格式如下：

```
window.getComputedStyle(element, pseudoElement)
```

其中，element 是要获取样式的元素。pseudoElement 是可选参数，代表伪类元素，当不查询伪类元素的时候可以忽略或者传入 null。getComputedStyle() 方法返回 CSS 样式规则的集合对象。

【例 6-11】获取样式

```
<div style=" background-color: red;"></div>
<script>
    var div = document.querySelector('div');
    console.log(div.style.backgroundColor);
    console.log(div.style.width);// 输出：空字符串
    console.log(window.getComputedStyle(div).width);
</script>
```

例 6-11 中，使用 div.style.backgroundColor 可以获取 div 元素行级样式中的背景色；使用 div.style.width 不能获取非行级样式；使用 window.getComputedStyle(div).width 可以获取非行级样式。例 6-11 在 Chrome 浏览器控制台中的运行结果，如图 6-10 所示。

图 6-10 【例 6-11】运行结果

提示：getComputedStyle 和 element.style 的相同点是：它们返回的都是 CSSStyleDeclaration 对象，取相应属性值的时候，都是采用的 CSS 驼峰式写法，例如 CSS 属性 background-color 写作 backgroundColor。不同点是：

① element.style 读取的只是元素的内联样式，即写在元素的 style 属性上的样式；而 getComputedStyle 读取的样式是最终样式，包括了内联样式、嵌入样式和外部样式。

② element.style 既支持读也支持写，getComputedStyle 仅支持读，并不支持写入。

2. 设置样式

（1）使用 style 属性设置样式

element.style 既支持读也支持写，它设置的样式是行级样式。

【例 6-12】使用 style 属性设置样式

```
1 <p id="p1">世界大学生运动会是大学生运动员的盛会，也是非常重要的世界综合性运动会。第31
届世界大学生夏季运动会将于 2022 年的 6 月 26 日-7 月 7 日在我国四川省成都市举办
2 </p>
3 <script>
4     var oP = document.getElementById("p1");
5     oP.style.fontSize = "12px";
6     oP.style.width = '300px';
7     op.style.fontStyle='italic';
8 </script>
```

例 6-12 中，第 5 行代码设置 p 元素的文本字体大小是 12px；第 6 行代码设置 p 元素的宽度是 300px；第 7 行代码设置 p 元素的字体倾斜。例 6-12 在 Chrome 浏览器中的运行结果，如图 6-11 所示。

> *世界大学生运动会是大学生运动员的盛会，也是非常重要*
> *的世界综合性运动会。第31届世界大学生夏季运动会将*
> *于2022年的6月26日-7月7日在我国四川省成都市举办。*

图 6-11 【例 6-12】运行结果

【例 6-13】隔行变色

```
<ul>
    <li>1</li>
    <li>2</li>
    <li>3</li>
    <li>4</li>
    <li>5</li>
    <li>6</li>
```

```
</ul>
<script>
    var li = document.getElementsByTagName('li');
    for(var i=0;i<li.length;i++){
        if(i%2){
            li[i].style.backgroundColor = 'red';
        }
    }
</script>
```

例 6-13 使用 for 循环设置每一个 li 元素的背景色。循环变量 i 对 2 求余，如果余数为 0，则设置背景色为红色。例 6-13 在 Chrome 浏览器中运行结果，如图 6-12 所示。

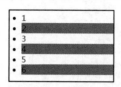

图 6-12　【例 6-13】运行结果

（2）使用 cssText 属性设置样式

由例 6-12 可知，使用 element.style 设置多个不同的行级样式时，要使用多条 JavaScript 代码分别设置，这就使得代码量较多。JavaScript 可以使用 style 的 cssText 属性来同时设置多个样式。将例 6-12 的第 5~7 行代码改写一下，示例如下，页面效果不变。

```
oP.style.cssText = 'font-size:12px;width:300px; font-style:italic';
```

（3）使用 className 属性设置样式

上述两种方法都是设置行级样式，不利于重用样式，当样式较多时，在 JavaScript 代码中书写 CSS 不方便。开发者可以先写好 CSS 类别选择器的样式，通过修改元素 className 属性添加或修改元素的类样式来设置样式。

【例 6-14】使用 className 属性设置样式

```
1 <style>
2     .p1 {
3         font-size: 12px;
4         width: 300px;
5     }
6     .p2 {
7         font-style: italic;
8     }
9 </style>
10 <p class="">世界大学生运动会是大学生运动员的盛会，也是非常重要的世界综合性运动会。第 31 届世界大学生夏季运动会将于 2022 年的 6 月 26 日-7 月 7 日在我国四川省成都市举办
11 </p>
12 <script>
13     var oP = document.querySelector("p");
14     oP.className = 'p1 p2';// 多类别选择器
15 </script>
```

例 6-14 中，第 2~9 行代码定义了两个类别选择器；第 15 行代码通过设置 className 属性的值，使元素 oP 应用类别选择器声明的 CSS 样式。值'p1 p2'表示同时应用类别选择器 p1 和 p2。例 6-14 在 Chrome 浏览器中的运行结果，如图 6-11 所示。

（4）使用 classList 属性设置样式

classList 属性返回元素的类名列表，它拥有的 add()、remove()和 toggle()方法用于在元素中添加、移除及切换 CSS 类。

（1）add()方法在元素中添加一个或多个类名。如果指定的类名已存在，则不会添加。
语法：add(class1, class2, …)
参数描述：添加的类名列表。

（2）remove()方法移除元素中一个或多个类名。
语法：remove (class1, class2, …)
参数描述：移除的类名列表。

（3）toggle()方法在元素中切换类名。
语法：toggle (class)
参数描述：如果该类名不存在，则会在元素中添加类名；如果存在，则移除类名。

【例 6-15】使用 classList 属性设置样式

```
1 <p class="p1">世界大学生运动会是大学生运动员的盛会，也是非常重要的世界综合性运动会。第
31 届世界大学生夏季运动会将于 2022 年的 6 月 26 日-7 月 7 日在我国四川省成都市举办
2 </p>
3 <script>
4     var oP = document.querySelector("p");
5     oP.classList.add('p2');
6     oP.classList.remove('p1');
7     oP.classList.toggle('p1');
8 </script>
```

例 6-15 中，第 1 行代码的 p 元素拥有类别选择器"p1"。第 5 行代码调用 classList 属性的 add()方法为 p 元素添加类别选择器"p2"，此时 p 元素的 class 属性值是"p1 p2"。第 6 行代码调用 classList 属性的 remove ()方法移除 p 元素的类别选择器"p1"，此时 p 元素的 class 属性的值是"p2"。第 7 行代码调用 classList 属性的 toggle()方法切换类名，由于此时 p 元素没有类名"p1"，因此，第 7 行执行后，p 元素的 class 属性的值是"p1 p2"。

提示：classList 属性有浏览器兼容性问题。支持 classList 属性的浏览器版本包括 Chrome8+、IE10+等。

6.4.3 自定义属性操作

JavaScript 除了可以操作 HTML 标准属性外，还可以对 HTML 自定义属性进行操作。使用 JavaScript 获取元素后，可以设置或获取自定义属性。

设置自定义属性，语法格式如下：

（1）element.setAttribute('属性', '值')
（2）element.自定义属性名 = 值

获取自定义属性，语法格式如下：

（1）element.getAttribute(属性)
（2）element.自定义属性名

【例 6-16】设置和获取自定义属性

```
 1 <div id="demo">设置和获取自定义属性</div>
 2 <script>
 3     var div = document.querySelector('div');
 4     div.setAttribute('num', 3);
 5     console.log(div.num); // 输出: undefined
 6     console.log(div.getAttribute('num')); // 输出: 3
 7     div.removeAttribute('num');
 8     div.test = '2';
 9     console.log(div.test); // 输出: 2
10 </script>
```

例 6-16 中，第 4 行代码通过 setAttribute()方法设置了自定义属性 num，它会添加到页面中，如图 6-13 所示。通过 setAttribute()方法设置的自定义属性需要通过 getAttribute()方法获取，因此第 5 行输出为 undefined。第 8 行代码通过"div.test = '2'"设置了自定义属性 test，它只存在于内存中，不会添加至页面中。第 7 行代码通过 removeAttribute()方法移除了自定义属性 num。

```
<div id="demo" num="3">设置和获取自定义属性</div>
```

图 6-13　自定义属性添加至页面

6.5　this 关键字

JavaScript 中使用关键字 this 指向当前对象。在函数中，this 指向当前调用函数的元素，没有元素调用时，this 指向 window 对象（window 对象将在 BOM 章节详细介绍）。

【例 6-17】this 指向

```
 1 <button></button>
 2 <script>
 3     function f() {
 4         console.log(this);
 5     }
 6     f();
 7     var btn = document.querySelector('button');
 8     btn.onclick = function () {
 9         console.log(this);
10     }
11 </script>
```

例 6-17 中，第 6 行代码调用函数 f()，由于没有元素调用，this 指向 window 对象；第 8 行代码为 button 元素绑定单击事件及其处理程序，由于 this 所在函数是通过 btn.onclick 调用的，所以 this 指向 btn 对象。用户单击按钮，输出 this 的值是 button 元素。例 6-17 在 Chrome 浏览器中的运行结果，如图 6-14 所示。

图 6-14 【例 6-17】运行结果

【例 6-18】选项卡切换

```
1 <div id="tab">
2     <input class="current" type="button" value="商品介绍">
3     <input type="button" value="规格与包装">
4     <input type="button" value="售后保障">
5     <div class="show">商品介绍模块内容</div>
6     <div>规格与包装模块内容</div>
7     <div>售后保障模块内容</div>
8 </div>
9 <script>
10     var inputs = document.querySelectorAll('input');
11     var divs = document.querySelectorAll('#tab div');
12     for (var i = 0; i < inputs.length; i++) {
13         inputs[i].index = i;
14         inputs[i].onclick = function () {
15             for (var i = 0; i < inputs.length; i++) {
16                 inputs[i].className = '';
17                 divs[i].className = '';
18             }
19             this.className = 'current';
20             divs[this.index].className = 'show';
21         }
22     }
23 </script>
```

例 6-18 中，单击某一个按钮显示它对应的文本内容。第 13 行代码为每一个 input 元素设置自定义属性 index，值是 i；第 15~17 行代码将所有 input 元素和 div 元素的 class 属性设置为空值；第 19 行代码的 this 指向当前单击的 input 元素，将当前单击的 input 元素的 class 设置为 "current"；第 20 行代码将当前单击的 input 元素对应的 div 元素的 class 属性设置为 "show" 显示出来。单击 "规格与包装"，例 6-18 在 Chrome 浏览器中的运行结果，如图 6-15 所示。单击 "售后保障"，例 6-18 在 Chrome 浏览器中的运行结果，如图 6-16 所示。

图 6-15 【例 6-18】运行结果 1

图 6-16 【例 6-18】运行结果 2

6.6 节点操作

DOM 将 HTML 文档视作树结构，这种结构被称为节点树，如图 6-17 所示。根据 W3C 的 DOM 标准，HTML 文档中的所有内容都是节点。节点可通过 JavaScript 进行修改、创建或删除。

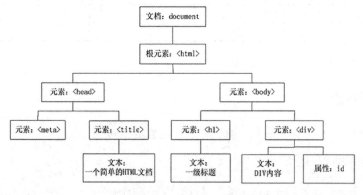

图 6-17 DOM 节点树

节点树中的节点彼此拥有层级关系。示例如下：

```
<html>
    <head>
    <title>DOM Tutorial</title>
    </head>
<body>
    <h1>DOM Lesson one</h1>
    <p>Hello world!</p>
</body>
</html>
```

在节点树中，<html>被称为根节点。除根节点之外的每个节点都有父节点，例如<head>和<body>的父节点是<html>节点。大部分元素节点都有子节点，例如<head>节点有一个子节点<title>。当节点分享同一个父节点时，它们就是同级节点，例如<h1>和<p>是同级节点，因为它们的父节点均是<body>节点。节点也可以拥有后代，后代指某个节点的所有子节点，或者这些子节点的子节点，例如所有的节点都是<html>节点的后代。节点也可以拥有先辈。先辈是某个节点的父节点，或者父节点的父节点，例如所有的节点都可把<html>节点作为先辈节点。

6.6.1 节点类型

节点树中的节点主要可分为 document 节点、元素节点、属性节点、文本节点、注释节点。不同的节点类型具有一个对应的常量代表节点类型。一个节点就是一个对象。常用节点如表 6-3 所示。其中，整个文档是 document 节点，一个 document 节点就是一个 document 对象；HTML 元素是元素节点；HTML 元素内的文本是文本节点；每个 HTML 属性是属性节点；注释是注释节点。

表6-3　常用节点

节点类型	字符常量	数值常量
document 节点	DOCUMENT_NODE	9
元素节点	ELEMENT_NODE	1
属性节点	ATTRIBUTE_NODE	2
文本节点	TEXT_NODE	3
注释节点	COMMENT_NODE	8

提示：项目开发中，节点操作主要操作元素节点。

6.6.2　获取节点

使用元素的相关属性可以获取元素的子节点、父节点和同级节点。

1. 获取元素子节点

使用元素的 childNodes 和 children 属性可以获取元素的子节点，其中 childNodes 获取的是元素的所有子节点，children 获取的是元素类型的子节点。

【例 6-19】获取子节点

```
<ul>
    <li>我是 li1</li>
    <li>我是 li2</li>
    <li>我是 li3</li>
    <li>我是 li4</li>
 </ul>
<script>
    var ul = document.querySelector('ul');
    // 1. childNodes 获取所有的子节点，包含元素节点、文本节点等
    console.log(ul.childNodes);
    // 2. children 获取所有的元素子节点
    console.log(ul.children);
</script>
```

例 6-19 在 Chrome 浏览器控制台中的运行结果，如图 6-18 所示。

```
▶ NodeList(9) [text, li, text, li, text, li, text, li, text]
▶ HTMLCollection(4) [li, li, li, li]
```

图 6-18　【例 6-19】运行结果

由图 6-18 可知，ul.childNodes 获取元素 ul 的所有子节点，返回的 NodeList 对象包含元素节点、文本节点共 9 个；ul.children 获取元素 ul 的所有子元素节点，返回的 HTMLCollection 对象包含 4 个 li 元素。

2. 获取元素第一个子节点和最后一个子节点

（1）使用 firstChild 和 lastChild 属性，获取第一个子节点和最后一个子节点，包含所有类型的

节点。

（2）使用 firstElementChild 和 lastElementChild 属性，获取第一个子元素节点和最后一个子元素节点。

（3）使用 children 属性的第一个元素和最后一个元素，获取第一个子元素节点和最后一个子元素节点。

【例 6-20】获取元素第一个子节点和最后一个子节点

```
1 <div>
2    <h1>我是 p 元素</h1>
3    <span>我是 li2</span>
4    <p>我是 li3</p>
5 </div>
6 <script>
7    var div = document.querySelector('div');
8    console.log(div.firstChild);
9    console.log(div.lastChild);
10   console.log(div.firstElementChild);
11   console.log(div.lastElementChild);
12   console.log(div.children[0]);
13   console.log(div.children[div.children.length - 1]);
14 </script>
```

例 6-20 在 Chrome 浏览器控制台中的运行结果，如图 6-19 所示。

图 6-19　【例 6-20】运行结果

由图 6-19 可知，第 8~9 行代码获取的子节点是文本类型节点。第 10~13 行代码输出结果一致，获取到第一个子元素节点和最后一个子元素节点。

提示： firstElementChild 和 children[0]的区别。

① firstElementChild 有浏览器兼容性问题，例如 IE9+开始支持 firstElementChild 属性。

② children[0]没有兼容性问题，项目开发中常用。

3. 获取元素父节点

使用元素的 parentNode 属性获取元素的父节点，对一个元素使用多次 parentNode 属性可以获取其先辈节点。

【例 6-21】获取父节点

```
<div class="demo">
    <div class="box">
        <span class="test"></span>
    </div>
</div>
<script>
    var test = document.querySelector('.test');
    console.log(test.parentNode);
    console.log(test.parentNode.parentNode);
</script>
```

例 6-21 在 Chrome 浏览器控制台中的运行结果，如图 6-20 所示。

```
▶ <div class="box">…</div>
▶ <div class="demo">…</div>
```

图 6-20　【例 6-21】运行结果

由图 6-20 可知，使用一次 parentNode 属性可以获取其父节点，因此 test.parentNode 获取到父元素 “<div class="box">”；使用多次 parentNode 属性可以获取其先辈节点，因此 test.parentNode.parentNode 获取到先辈元素“<div class="demo">”。

4．获取同级节点

（1）使用 previousSibling 和 nextSibling 属性，获取上一个同级节点和下一个同级节点，包含所有类型节点。

（2）使用 previousElementSibling 和 nextElementSibling 属性，获取上一个同级元素节点和下一个同级元素节点。

【例 6-22】获取同级节点

```
<div>我是 div</div>
<span>我是 span</span>
<h1>我是 h1</h1>
<script>
    var span = document.querySelector('span');
    console.log(span.nextSibling);
    console.log(span.previousSibling);
    console.log(span.nextElementSibling);
    console.log(span.previousElementSibling);
</script>
```

例 6-22 在 Chrome 浏览器控制台中的运行结果，如图 6-21 所示。

图 6-21　【例 6-22】运行结果

由图 6-21 可知，span.nextSibling 和 span.previousSibling 获取的是文本类型同级节点。span.nextElementSibling 获取到 span 元素的下一个同级元素节点 h1，span.previousElementSibling 获取到 span 元素的上一个同级元素节点 div。

previousElementSibling 和 nextElementSibling 属性有浏览器兼容性，例如 IE9+、Firefox3.5+、Edge12+等支持。nextSibling 和 previousSibling 属性没有兼容性问题。以获取下一个同级元素节点为例，封装函数解决浏览器兼容性问题，示例代码如下：

```
function nextElementSibling(element) {
    var el = element;
    while (el = el.nextSibling) {
        if (el.nodeType === 1) {
            return el;
        }
    }
    return null;
}
```

5. 获取元素的偏移位置

元素的偏移位置指的是相对于最近定位的父节点或 body 元素的偏移位置。使用元素的 offsetParent 属性可以获取元素的最近定位的父节点；使用 offsetLeft 和 offsetTop 属性可以分别获取元素相对于最近定位的父节点或 body 元素的水平和垂直偏移位置。

【例 6-23】获取元素的最近定位的父节点

```
<style>
#div1{
    position:relative;
}
</style>
<div id="div1">
    <div id="div2"> </div>
</div>
<script>
    var div2 = document.getElementById('div2');
    console.log("div2 的最近定位的父节点是： ");
    console.log(div2.offsetParent);
</script>
```

例 6-23 中，由于 div1 具有定位属性，因此 div2 元素的最近定位的父节点是 div1。例 6-23 在 Chrome 浏览器控制台中的运行结果，如图 6-22 所示。

```
div2的最近定位的父节点是：
▶<div id="div1">…</div>
```

图 6-22 【例 6-23】运行结果

【例 6-24】获取元素的水平和垂直偏移位置

```
<style>
#div3{width:50px;height:50px;border:3px solid red;position:absolute;left:20
px;top:10px;}
#div4{width:30px;height:30px;border:3px solid blue;position:absolute;left:2
0px;top:10px;}
</style>
</head>
<body>
    <div id="div3">
    <div id="div4"><div>
    </div>
<script>
    var div4 = document.getElementById('div4');
    console.log("第四个 div 的水平偏移位置为：");
    console.log(div4.offsetLeft);
    console.log("第四个 div 的垂直偏移位置为：");
    console.log(div4.offsetTop);
</script>
```

例 6-24 中，由于元素 div3 具有定位属性，因此元素 div4 的最近定位的父节点是元素 div3。使用 offsetLeft 和 offsetTop 属性分别获取元素 div4 距离元素 div3 的水平和垂直偏移位置。例 6-24 在 Chrome 浏览器中的运行结果，如图 6-23 所示。

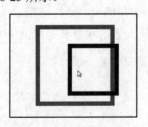

图 6-23 【例 6-24】运行结果

6.6.3 创建、添加和删除节点

使用 DOM 创建、添加、修改和删除节点，可以分别调用 document 对象和元素对象的相应方法来实现。

（1）document.createElement()方法创建元素节点。

语法：document.createElement(tagName)
参数描述：创建元素类型的字符串。
返回值：创建的元素。

（2）appendChild()方法向节点的子节点列表末尾添加新的子节点。

语法：parentNode.appendChild(aChild)

参数描述：追加给父节点（通常为一个元素）的节点。

返回值：追加后的子节点。

（3）insertBefore()方法在已有的子节点前插入一个新的子节点。

语法：parentNode.insertBefore(newNode, referenceNode)

参数描述：newNode 是用于插入的节点；referenceNode 是已有的子节点，newNode 将要插在这个节点之前。

返回值：被插入过的子节点。

（4）removeChild()方法从 DOM 中删除一个子节点。

语法：parentNode.removeChild(child)

参数描述：移除的子节点。

返回值：移除的子节点。

【例 6-25】创建、添加和删除节点

```
1  <ul>
2      <li>0</li>
3  </ul>
4  <script>
5      var li1 = document.createElement('li');
6      li1.innerHTML = 'li1';
7      var ul = document.querySelector('ul');
8      ul.appendChild(li1);
9      var li2 = document.createElement('li');
10     li2.innerHTML = 'li2'
11     ul.insertBefore(li2, ul.children[0]);
12     ul.removeChild(li1);
13 </script>
```

例 6-25 中，第 5 行代码创建了 li 元素 li1；第 8 行代码将 li1 添加到元素 ul 子节点列表的末尾；第 9 行代码创建了 li 元素 li2；第 11 行将 li2 添加到元素 ul 第一个子节点的前面。例 6-25 的代码执行到第 11 行时，在 Chrome 浏览器中的运行结果，如图 6-24 所示。

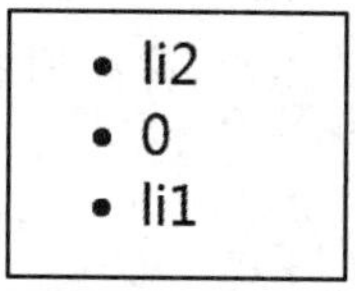

- li2
- 0
- li1

图 6-24　【例 6-25】运行结果

由图 6-24 可知，元素 ul 添加了两个 li 元素，一共有 3 个 li 元素。第 12 行代码删除了子节点 li1，此时元素 ul 拥有两个 li 元素。例 6-25 的代码执行完第 12 行时，在 Chrome 浏览器控制台中的运行结果，如图 6-25 所示。

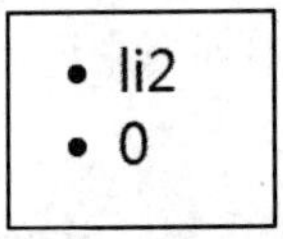

- li2
- 0

图 6-25　【例 6-25】运行结果

6.6.4　克隆节点

使用元素的 cloneNode()方法可以获取节点的一个副本。

语法：node.cloneNode(deep)

参数描述：deep 代表是否采用深度克隆。如果为 true，则该节点的所有后代节点也都会被克隆；如果为 false 或空，则只克隆该节点本身。

返回值：克隆生成的副本节点。

【例 6-26】克隆节点

```
 1 <ul>
 2    <li>0</li>
 3 </ul>
 4 <script>
 5    var ul = document.querySelector('ul');
 6    var li1 = ul.children[0].cloneNode(true);
 7    ul.appendChild(li1);
 8    var li2 = ul.children[0].cloneNode();
 9    ul.appendChild(li2);
10 </script>
```

例 6-26 在 Chrome 浏览器中的运行结果，如图 6-26 所示。

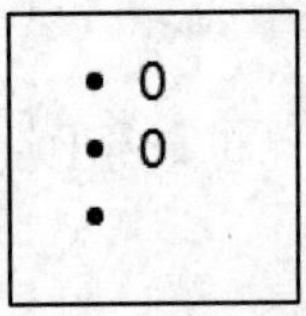

- 0
- 0
-

图 6-26　【例 6-26】运行结果

例 6-26 中，第 6 行代码深度克隆了 ul 元素的第一个子元素 li；第 7 行代码将返回的副本节点 li1 添加至 ul 元素的末尾。由图 6-26 可知，文本子节点 "0" 也被复制；第 8 行代码浅克隆了 ul 元素的第一个子元素 li；第 9 行将返回的副本节点 li2 添加至 ul 元素的末尾。由图 6-26 可知，文本子节点 "0" 没有被复制。

6.7　案　　例

6.7.1　留言板

留言板是一种可以用来记录、展示文字信息的载体，有比较强的时效性。网站中的留言板功能非常重要，可以实现和用户互动，例如人民网的"领导留言板"。"领导留言板"是人民日报为中央部委和地方各级党委政府主要负责同志搭建的网上群众工作平台。平台自创办以来，近 300 万件群众急难愁盼问题获得回复办理，大批建设性意见得到各地区各部门及时吸纳。各级政府单位入驻"领导留言板"，能从线下分发到线上交办全流程参与群众留言的办理，进一步降低了跨系统、跨部门的协调成本，提升了留言办理效率。本节将介绍使用 DOM 实现留言板的发表留言和删除留言功能。

1. 案例呈现

留言板有发表留言和删除留言两个功能，如图 6-27 所示。单击"删除"按钮将一条留言删除；单击"发表留言"按钮将用户昵称、发表时间和留言内容显示在网页指定区域。

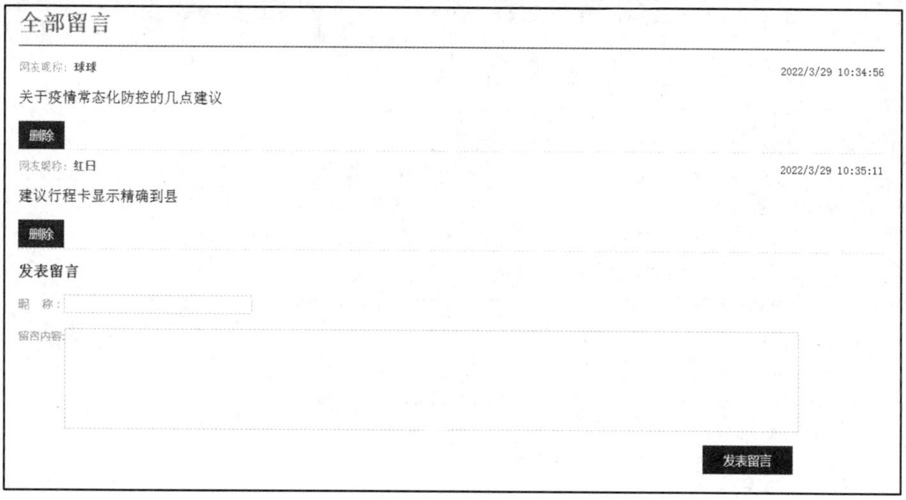

图 6-27　留言板

2. 案例分析

单击"删除"按钮将一条留言删除时，需要先找到当前留言区域的父元素，通过父元素调用removeChild()方法删除子元素。单击"发表留言"时，首先通过 createElement()方法创建用户昵称、发表时间、留言内容和删除按钮等元素，然后通过父元素调用 appendChild()方法将它们显示在网页指定区域。

3. 案例实现

```
1 <div id="outside">
2     <h3>全部留言</h3>
3     <div id="comment">
```

```
4      </div>
5      <h4>发表留言</h4>
6      <div id="addComment">
7         昵称：<input type="text" id="name" />
8         <br /><br />
9         留言内容:<textarea id="comContent"></textarea>
10        <button id='tjpl'>发表留言</button>
11     </div>
12  </div>
13  <script>
14     var comment = document.querySelector('#comment');
15     var ips = document.querySelector('input');
16     var textarea = document.querySelector('textarea');
17     var tjpl = document.getElementById('tjpl')
18     tjpl.onclick = function () {
19        if (ips.value == '' || textarea.value == '') {
20           alert("输入不能为空！");
21           return;
22        }
23        var divs = document.createElement('div');
24        divs.className = 'comment1';
25        divs.innerHTML = '网友昵称:';
26        comment.appendChild(divs);
27        var spans = document.createElement('span');
28        spans.innerHTML = ips.value;
29        divs.appendChild(spans);
30        var time = document.createElement('time');
31        time.innerHTML = new Date().toLocaleString();
32        divs.appendChild(time);
33        var ps = document.createElement('p');
34        ps.innerHTML = textarea.value;
35        divs.appendChild(ps);
36        var del = document.createElement('button');
37        del.className = 'del';
38        del.innerHTML = '删除';
39        divs.appendChild(del);
40        var dels = document.querySelectorAll('.del');
41        for (var i = 0; i < dels.length; i++) {
42           dels[i].onclick = function () {
43              comment.removeChild(this.parentNode);
44           }
45        }
46        ips.value = '';
47        textarea.value = '';
48     }
49  </script>
```

案例的 CSS 样式，参见本书配套的源码资源。上述代码中，第 3 行的 "<div id="comment">" 标签是页面展示留言的区域；第 14～17 行代码分别获取了留言展示区域、用户昵称、留言内容和发表留言按钮 4 个元素；第 18 行代码为 "发表留言" 按钮绑定了单击事件及其处理程序；第 19～22

行代码的功能是当用户昵称或者留言内容为空时弹出提示框；第 23~26 行代码创建了 div 元素，设置了它的样式和文本内容，将它作为子元素添加至页面展示留言区域，它代表了一条留言；第 27~39 行代码分别创建了一条留言所具有的用户昵称、发表时间、留言内容和删除按钮元素；第 40~45 行代码为所有的删除按钮绑定单击事件及其处理程序，其中 this 指向当前按钮，this.parentNode 指向当前留言；第 46~47 行代码清空昵称和留言区域。

6.7.2　折叠面板

折叠面板适合在有限空间里显示大量信息。页面加载后，设置所有列表项处于折叠状态，用户可以单击折叠项目标题栏，切换当前标题下的内容是否显示。

1. 案例呈现

留言板"帮助中心"页面有新用户必读、服务协议、留言基础操作、如何删除留言和留言如何迅速得到办理等模块。页面加载后，所有模块处于折叠状态，如图 6-28 所示。用户单击任一个模块的标题栏，如果当前是折叠状态，则展开；如果当前是展开状态，则折叠。"留言基础操作"模块折叠时，单击"留言基础操作"模块的标题栏效果，如图 6-29 所示。

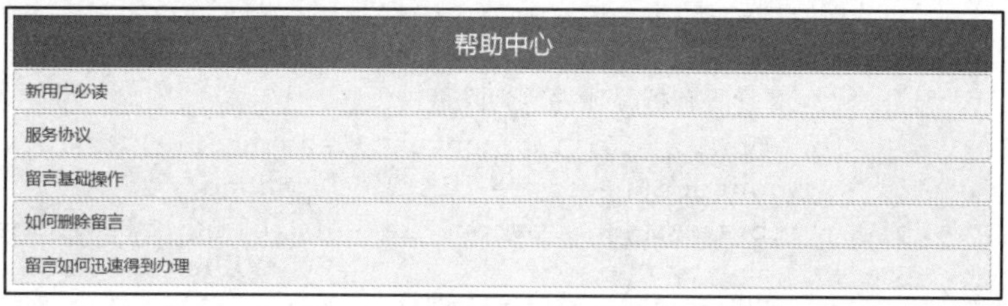

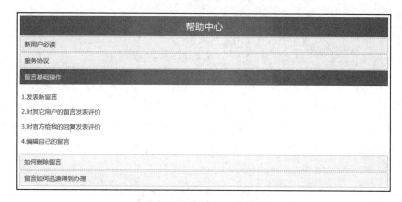

图 6-28　折叠效果

图 6-29　"留言基础操作"展开效果

2. 案例分析

页面 HTML 布局代码以"留言基础操作"模块为例，示例如下：

```
<h3> 留言基础操作</h3>
<div>
    <p>1.发表新留言</p>
    <p>2.对其他用户的留言发表评价</p>
```

```
    <p>3.对官方给我的回复发表评价</p>
    <p>4.编辑自己的留言</p>
</div>
```

页面加载后，通过设置 CSS 样式 "display: none" 将所有模块处于折叠状态。将每一个模块的标题栏绑定单击事件及其处理程序。用户单击任一个模块的标题栏，如果当前是折叠状态，则将其下一个同级元素节点的 display 属性设置为 "block"，样式设为 active，将其余模块 display 属性设置为 "none"；如果当前是展开状态，则将其 display 属性设置为 "none"，样式设为空。

3. 案例实现

```
1 <script>
2    var collapse = document.getElementById('collapse');
3    var title = collapse.getElementsByTagName('h3');
4    var content = collapse.getElementsByTagName('div');
5    for (var i = 0; i < title.length; i++) {
6       title[i].onclick= function () {
7          var current = this.nextElementSibling;
8          if (current.style.display == 'block') {
9             current.style.display = 'none';
10            this.className = '';
11         } else {
12            // 重置所有折叠项内容为隐藏
13            for (var i = 0; i < content.length; i++) {
14               content[i].style.display = 'none';
15               content[i].previousElementSibling.className = '';
16            }
17            current.style.display = 'block';
18            this.className = 'active';
19         }
20      }
21   }
22 </script>
```

案例完整的 HTML、CSS 代码参见本书的配套源码。上述代码中，第 2~4 行代码分别获取了所有模块标题栏和模块内容；第 5~6 行代码为所有的标题栏绑定鼠标单击事件及其处理程序。第 7 行代码获取了当前模块标题栏对应的模块内容；第 8~18 行代码实现了用户单击任一个模块的标题栏，如果当前是折叠状态，则展开，如果当前是展开状态，则折叠。

6.8　本章小结

本章介绍了 DOM 概念、事件基础、获取元素、操作元素、this 关键字和节点操作，然后通过 DOM 实现了留言板和面板折叠案例。本章可使读者掌握 DOM 的概念和使用方法，为后续章节内容的学习奠定基础。

6.9 本章常见面试题

1. 如何获取非行间样式？

绝大多数浏览器可以使用 getComputedStyle()方法获取内联样式、嵌入样式和外部样式。IE 低版本浏览器不支持 getComputedStyle()方法，需要使用 currentStyle 属性。为了兼容低版本 IE 浏览器，可以封装函数。示例如下：

```
function getStyle(obj, attr) {
    if (obj.currentStyle) {
        return obj.currentStyle[attr];
    } else {
        getComputedStyle(obi, false)[attr] ;
    }
}
```

2. DOM 操作为什么会影响性能？

DOM 操作会导致浏览器重解析，引起重排和重绘，直接影响页面性能。在《高性能 JavaScript》中这么比喻：“把 DOM 看成一个岛屿，把 JavaScript 看成另一个岛屿，两者之间以一座收费桥连接。”所以每次访问 DOM 都会交一个过桥费，而访问的次数越多，交的费用也就越多。因此，一般建议尽量减少过桥次数。

3. 请说出至少三种降低页面加载时间的方法。

（1）压缩 CSS、JavaScript 文件。
（2）合并 CSS、JavaScript 文件，减少 HTTP 请求。
（3）外部 CSS、JavaScript 文件放在 HTML 文件最下面。
（4）减少 DOM 操作，尽可能用变量替代不必要的 DOM 操作。

6.10 实践操作练习题

1. 改变文字大小。效果如图 6-30 所示。

（1）单击“A-”按钮，当文字大于 12px 时递减文字大小。
（2）单击“A+”按钮，当文字小于 32px 时递增文字大小。

"剩宴"不是中国传统，节约才是中华美德。

图 6-30 练习题 1 效果图

2. 图片切换。共有 5 幅图片，实现以下功能，效果如图 6-31 所示。

（1）单击"顺序播放"或"循环播放"按钮，设置切换效果是顺序模式或循环模式。

（2）单击"下一幅"按钮，图片显示下一幅，当前图片的索引加 1。如果是循环模式，则当到最后一幅时，从第一幅开始显示。如果是顺序模式，则弹出提示框"已经到最后一幅"。

（3）单击"上一幅"按钮，图片显示上一幅，当前图片的索引减 1。如果是循环模式，则当到第一幅时，从最后一张开始显示。如果是顺序模式，则弹出提示框"已经到第一幅"。

图 6-31　练习题 2 效果图

3. 全选功能。页面有 4 个复选框和一个按钮，按钮初始化是不可用状态（见图 6-32）。请实现以下功能。

（1）单击"全选"复选框，同时选中或取消选中运动、唱歌和写代码复选框。

（2）运动、唱歌和写代码复选框都选中时，全选复选框也同时选中。

（3）运动、唱歌和写代码复选框有至少一个未选中时，全选复选框取消选中。

（4）运动、唱歌和写代码复选框有至少一个选中时，"现在提交"按钮可用。

图 6-32　练习题 3 效果图

4. 实现网页右下角广告窗口显示或隐藏。

（1）单击"×"，隐藏广告窗口。

（2）单击"√"，显示广告窗口。

5. 待办事项工具，效果如图 6-33 所示。

（1）单击"添加"按钮，将文本框中输入内容显示在下方的列表中。如果文本框内容为空，则弹出提示框"请输入待办事项"。

（2）单击"删除"按钮，将当前列表项删除。

（3）单击"完成"按钮，将当前列表项的背景色设置为绿色。

图 6-33　练习题 5 效果图

6. 实现列表伸缩，效果如图 6-34 所示。

（1）单击同学、朋友和家人的任一项，如果当前列表状态是收缩，则展开，同时其余项收缩；如果当前列表状态是展开，则收缩。

（2）展开项的标题背景色设为红色，其余项的背景色为蓝色。

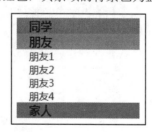

图 6-34　练习题 6 效果图

7. 实现二级菜单折叠，效果如图 6-35 所示。通过给定的 CSS 样式实现以下功能。

单击考勤管理、信息中心和协同办公的任一项，如果当前二级菜单是折叠状态，则展开，同时其余项折叠；如果当前二级菜单状态是展开，则折叠。

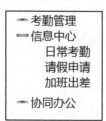

图 6-35　练习题 7 效果图

8. 实现双色球效果。每次刷新页面，实现"随机一注"功能，效果如图 6-36 所示。

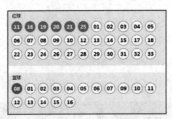

图 6-36　作业 8 效果图

第7章

事件处理

在 6.3 节介绍了"事件基础"，本章将详细介绍绑定和删除事件、事件对象、取消默认行为、事件流、事件委托和事件类型。

📖 本章学习目标

（1）掌握绑定和删除事件的方法。
（2）理解事件对象、事件流、事件委托的概念。
（3）掌握取消默认行为的用法。
（4）掌握常见事件类型及用法。
（5）掌握如何解决"网页功能限制"等实际问题的方法。

7.1 绑定事件处理程序

事件发生时，浏览器自动调用事件源绑定的事件处理程序。绑定事件处理程序可以使用 HTML 标签的事件属性、事件源的事件属性和 addEventListener()方法 3 种方式。其中，6.3 节介绍了事件源的事件属性绑定事件处理程序，下面分别介绍其他的 2 种方式。

1. 使用 HTML 标签的事件属性绑定事件处理程序

【例 7-1】使用 HTML 标签的事件属性绑定事件处理程序

```
<button onclick=" console.log('测试 1');">测试 1</button>
<button onclick="test()">测试 2</button>
<script>
    function test(){
        console.log('测试 2');
    }
</script>
```

例 7-1 通过 button 元素的事件属性 onclick 绑定了事件处理程序。事件处理程序可以直接编写，也可以封装在函数中。点击按钮"测试 1"和"测试 2"，例 7-1 在 Chrome 浏览器控制台中的输出结果如下：

测试 1
测试 2

提示：使用 HTML 标签的事件属性绑定事件处理程序，违反了 Web 标准的 JavaScript
和 HTML 相分离的原则，应该尽量避免使用。

2. 使用 addEventListener()方法绑定事件处理程序

addEventListener()方法是标准事件模型中的一个方法，对所有的标准浏览器都有效。

语法：element.addEventListener(event, function, useCapture)

参数描述：event 是不带"on"的事件名；function 指定事件触发时执行的函数；useCapture 是一个布尔值，指定事件是否在捕获或冒泡阶段执行，如果省略，则在冒泡阶段执行；如果是 true，则在捕获阶段执行。

【例 7-2】使用 addEventListener()方法绑定事件处理程序

```
<button>addEventListener 方法绑定事件</button>
<script>
    var btn = document.querySelector('button');
    btn.addEventListener('click', function() {
        console.log('处理程序 1');
    })
    btn.addEventListener('click', function() {
        console.log('处理程序 2');
    })
</script>
```

例 7-2 通过 addEventListener()方法为 button 元素绑定了单击事件及其处理程序。其中"click"代表单击事件；"function() { alert('处理程序 1');}"和"function() { alert('处理程序 2');}"代表事件处理程序；省略了第三个参数。单击按钮，例 7-2 在 Chrome 浏览器控制台中的输出结果如下：

处理程序 1
处理程序 2

提示：使用 addEventListener()方法绑定事件处理程序的特点。

① 可以为一个事件源绑定多个处理程序。

② 处理程序按顺序执行。

③ IE9 之前不支持 addEventListener()方法。由于 IE 浏览器在 2022 年退出市场，
不再是主流浏览器，本书不再详细介绍兼容 IE 各版本的方法。

7.2　删除事件处理程序

绑定的事件处理程序在不需要时可以删除。不同的事件处理程序绑定方式，有相应的删除方式。

（1）使用 HTML 标签的事件属性、事件源的事件属性绑定事件处理程序时，将事件属性的值设置为 null 即可删除事件处理程序。示例如下：

```
<button onclick=" console.log('测试 1');">测试 1</button>
var btn = document.querySelector('button');
btn.onclick = null; // 删除事件处理程序
```

（2）使用 addEventListener()方法绑定事件处理程序时，可以使用 removeEventListener()方法删除事件处理程序。语法格式如下：

语法：element.removeEventListener(event, function, useCapture)

参数描述：event 是要删除的事件名称；function 指定要删除的函数；useCapture 是一个布尔值，指定事件是否在捕获或冒泡阶段删除，如果省略，则在冒泡阶段删除；如果是 true，则在捕获阶段删除。

【例 7-3】使用 removeEventListener()方法删除事件处理程序

```
1 <button>removeEventListener 方法删除事件处理程序</button>
2 <script>
3     function f() {
4         console.log('处理程序');
5     }
6     var btn = document.querySelector('button');
7     btn.addEventListener('click', f) ;
8     btn.removeEventListener('click', f) ;
9 </script>
```

例 7-3 中，第 7 行代码通过 addEventListener()方法为 button 元素绑定了鼠标单击事件及其处理程序，此时单击按钮，将在 Chrome 浏览器控制台中输出"处理程序"；第 8 行代码通过 removeEventListener()方法删除了 button 元素的鼠标单击事件处理程序，此时再单击按钮，页面没有响应。

7.3　事件对象

事件发生后，跟事件相关的一系列信息数据的集合都放到一个对象里面，这个对象就是事件对象。事件对象提供了有关事件的详细信息，例如事件源的名称、键盘的按键值、鼠标的位置等信息。

事件对象使用事件处理程序的第 1 个参数表示，有关事件的所有信息都将传入这个参数。示例如下：

```
eventTarget.onclick = function(event){
}
```

```
eventTarget.addEventListener('click', function(event){
})
eventTarget.addEventListener('click', f)
function f(event) {
}
```

上述代码中，"event"是第一个形参，代表事件对象，还经常写作"e"或"evt"。事件对象包含的事件相关信息都是通过它的属性和方法来体现的，如表 7-1 所示。

表7-1　事件对象常用属性和方法

属性/方法	描　　述
target	返回触发此事件的元素
clientX	返回当事件被触发时，鼠标指针的水平坐标
clientY	返回当事件被触发时，鼠标指针的垂直坐标
keyCode	返回当键盘事件被触发时按键的代码
preventDefault()	通知浏览器不要执行与事件关联的默认动作
stopPropagation()	不再派发事件

【例 7-4】事件对象

```
<button>在控制台输出事件对象</button>
<script>
    var btn = document.querySelector('button');
    btn.addEventListener('click', function(e) {
        console.log(e);
    })
</script>
```

例 7-4 通过 addEventListener()方法为 button 元素绑定了单击事件及其处理程序。事件处理程序的第一个参数 "e" 代表事件对象。单击按钮，例 7-4 在 Chrome 浏览器控制台中的运行结果，如图 7-1 所示。其中属性 clientX 和 clientY 的值分别是 67 和 25，代表鼠标单击时的水平和垂直坐标。属性 "target" 的值是 "button"，代表触发此事件的元素。

```
▼PointerEvent ℹ
    isTrusted: true
    altKey: false
    altitudeAngle: 1.5707963267948966
    azimuthAngle: 0
    bubbles: true
    button: 0
    buttons: 0
    cancelBubble: false
    cancelable: true
    clientX: 67
    clientY: 25
```

图 7-1　【例 7-4】运行结果

7.4　取消默认行为

当一个事件发生时，浏览器有默认的处理方式，例如，单击超链接会跳转到目标位置，单击表单的提交按钮会提交表单等。在某些情况下，默认行为不是开发者所希望的，此时可以取消默认行为。事件默认行为的取消方法和事件的绑定方式有关。

（1）使用事件源的事件属性绑定时，在事件处理程序中返回 false 即可取消默认行为。

（2）使用 addEventListener()方法绑定事件处理程序时，在事件处理程序中使用事件对象的方法 preventDefault()即可取消默认行为。

7.4.1　取消表单提交

用户单击表单的提交按钮，默认会提交表单。当用户填写的信息不符合要求时，例如用户名为空，或者手机号格式输入有误等，需要取消提交表单的默认行为。

【例 7-5】取消表单提交

```
<form action="1.html">
    用户名：<input type="text" id="userName">
    <input type="submit" value="提交" id="sub">
</form>
<script>
    var btn = document.querySelector('#sub');
    btn.onclick = function (e) {
        var userName = document.querySelector('#userName');
        if (userName.value.length == 0) {
            alert("请输入用户名！");
            return false;
        }
    }
</script>
```

例 7-5 在 Chrome 浏览器运行后，单击提交按钮，首先会判断用户名是否为空值，如果是空值，则弹出警告对话框，并通过"return false"语句阻止默认行为；如果用户名有内容，则执行默认行为，将表单提交给"1.html"处理。

7.4.2　取消默认右键菜单

鼠标在页面元素悬停并右击时，将触发元素的 oncontextmenu 事件，从而打开默认的上下文右键菜单。如果不希望打开默认的上下文右键菜单，例如，某些网站希望用户右击时不出现右键菜单，此时只需要取消 oncontextmenu 事件的默认行为即可。

【例 7-6】自定义右键菜单

```
1 <div id="box">
2     <ul id="ul">
3         <li><span class="s1"></span>下载</li>
```

```
4        <li><span class="s2"></span>删除</li>、
5        <li><span class="s3"></span>移动到...</li>
6        <li><span class="s4"></span>重命名</li>
7    </ul>
8 </div>
9 <script type="text/javascript">
10    var box = document.querySelector('#box');
11    document.addEventListener('contextmenu',function(ev){
12        box.style.left = ev.clientX+'px';
13        box.style.top = ev.clientY+'px';
14        box.style.display = 'block';
15        ev.preventDefault();
16    })
17    document.onclick = function(){
18        box.style.display = 'none';
19    }
20 </script>
```

例 7-6 中，第 1~8 行代码自定义了右键菜单的内容；第 11 行代码使用 addEventListener()方法绑定 contextmenu 事件及其处理程序；第 15 行代码使用 "ev.preventDefault()" 取消 contextmenu 事件默认行为，即不再弹出默认右键菜单；例 7-6 在 Chrome 浏览器运行后，在页面任何地方单击右键，会阻止默认右键菜单，并弹出自定义菜单。第 17~19 行代码功能是单击鼠标左键，隐藏自定义右键菜单。例 7-6 弹出右键菜单效果，如图 7-2 所示。

图 7-2　自定义右键菜单

7.5　事　件　流

事件发生时，会在元素节点之间按照特定的顺序传播，这个传播过程即事件流。事件流描述的是从页面中接收事件的顺序。例如，当用户单击了页面中的一个 div 元素时，也就单击了 body 元素和 html 元素。

W3C 标准事件流包含 3 个阶段：捕获阶段、目标阶段和冒泡阶段。在捕获阶段，事件对象通过目标的祖先从 document 传播到目标的父级。在目标阶段，事件对象到达事件对象的事件目标。在冒泡阶段，事件对象以相反的顺序通过目标的祖先传播，从目标的父级开始，到 document 结束。例如，当用户单击了页面中的一个 div 元素时，首先进行事件捕获，此时事件按 document→html→body 的顺序进行传播。当事件对象传到 div 时进入目标阶段，接着事件对象又从目标对象传到 body，进入冒泡阶段，此时事件对象按 body→html→document 的顺序传播。各阶段的事件流如图 7-3 所示。

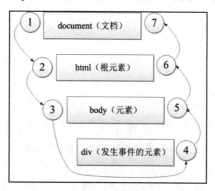

图 7-3　标准事件流传播顺序

【例 7-7】标准事件流处理

```
1  <div>div 元素</div>
2  <script>
3      var div = document.querySelector('div');
4      document.body.addEventListener('click', function() {
5          console.log('捕获阶段 body');
6      }, true);
7      document.addEventListener('click', function() {
8          console.log('捕获阶段 document');
9      }, true)
10     div.addEventListener('click', function() {
11         console.log('目标阶段 div');
12     }, false);
13     document.body.addEventListener('click', function() {
14         console.log('冒泡阶段 body');
15     }, false);
16     document.addEventListener('click', function() {
17         console.log('冒泡阶段 document');
18     })
19  </script>
```

例 7-7 中，第 4~9 行代码使用 addEventListener() 方法绑定 document 和 body 的单击事件及其处理程序。由于将第三个参数设置为 true，因此是在捕获阶段执行。第 10 行代码为 div 元素绑定单击事件及其处理程序，即目标阶段；第 13~18 行代码使用 addEventListener() 方法绑定 document 和 body 的单击事件及其处理程序。由于将第三个参数设置为 false，因此是在冒泡阶段执行。例 7-7 在 Chrome 浏览器运行后，单击 div 元素，在控制台中运行结果如图 7-4 所示。

捕获阶段document
捕获阶段body
目标阶段div
冒泡阶段body
冒泡阶段document

图 7-4 【例 7-7】运行结果

提示：事件冒泡注意事项：

① 使用 addEventListener()方法绑定事件处理程序时，当第三个参数取值为 true 时，将执行事件捕获，除此之外的其他事件绑定方式，都是执行事件冒泡。

② 有些事件是没有冒泡的，例如 onblur、onfocus、onmouseenter 和 onmouseleave 等。

③ 在一个事件中，冒泡阶段和捕获阶段不能同时触发。

事件冒泡在需要时，可以通过事件对象的 stopPropagation()方法阻止。

【例 7-8】阻止事件冒泡

```
1 <div>div 元素</div>
2 <script>
3   var div = document.querySelector('div');
4   div.addEventListener('click', function () {
5       console.log('目标阶段 div');
6   });
7   document.body.addEventListener('click', function (e) {
8       console.log('冒泡阶段 body');
9       e.stopPropagation();
10   });
11   document.addEventListener('click', function () {
12       console.log('冒泡阶段 document');
13   })
14</script>
```

例 7-8 中，第 4~13 行代码使用 addEventListener()方法绑定 div、body 和 document 在冒泡阶段的单击事件处理程序。根据事件冒泡，当用户单击 div 元素，会依次触发 div、body 和 document 的单击事件。由于第 9 行代码阻止了冒泡，所以 document 的单击事件不会触发。例 7-8 在 Chrome 浏览器运行后，单击 div 元素，在控制台中输出结果如图 7-5 所示。

目标阶段div
冒泡阶段body

图 7-5 【例 7-8】运行结果

7.6　事件委托

事件委托也叫事件代理，是把原本需要绑定在子元素的响应事件委托给父元素，让父元素担当事件监听的任务。事件代理的原理是事件冒泡，即给父元素注册事件，利用事件冒泡，当子元素的事件触发，会冒泡到父元素，然后去控制相应的子元素。

【例 7-9】列表项 DOM 操作

```
<ul>
    <li>学生在校时保持安全社交距离，遵守校门管理规定，校内校外不聚集、不扎堆</li>
    <li>居家防护时，严格遵守防疫规定，尽量减少出门、串门、探亲访友、聚餐聚会</li>
    <li>集中隔离医学观察时，自觉接受集中隔离医学观察健康监测，配合核酸检测</li>
    <li>住院就医时，遵守医院管理规定，积极配合医院治疗，坚持适宜锻炼</li>
</ul>
<script>
    var lis = document.querySelectorAll('li');
    for(var i=0;i<lis.length;i++){
        lis[i].onclick = function(){
            this.style.backgroundColor = 'red';
        }
    }
</script>
```

例 7-9 使用 for 循环给每一个 li 元素绑定单击事件，当用户点击某个 li 元素时，它的背景色设置为红色。例 7-9 在 Chrome 浏览器中的运行效果，如图 7-6 所示。

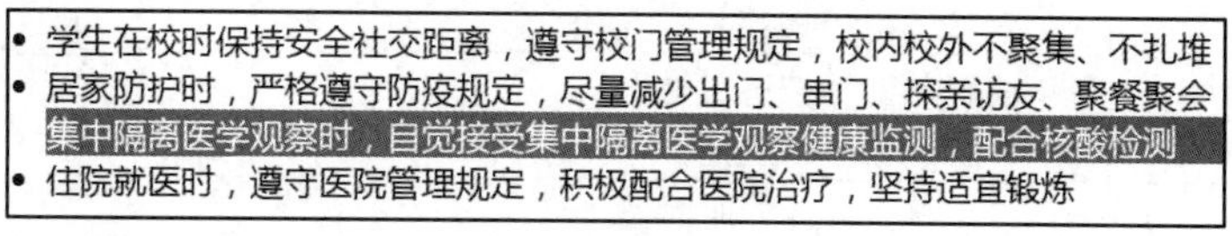

图 7-6　【例 7-9】运行效果

由图 7-6 可知，例 7-9 可以实现单击页面中的 li 元素，当前 li 的背景色设置为红色。但是当列表项较多时，需要循环遍历的 li 元素增多，对 DOM 的操作次数增多，这样内存消耗较大，性能降低。开发者可以通过事件委托减少 DOM 的操作次数，提高性能。

【例 7-10】列表项事件委托

```
1 <script>
2     var ul = document.querySelector('ul');
3     ul.onclick = function(e) {
4         e.target.style.backgroundColor = 'red';
5     }
6 </script>
```

例 7-10 和例 7-9 的 HTML 相同。例 7-10 中，第 3 行代码为 li 的父元素 ul 绑定单击事件及其处理程序。根据事件冒泡，用户单击页面中任意的 li 元素时，都会触发 ul 的单击事件。第 4 行代码通过事件对象的 target 属性获取事件源，即被点击的 li 元素。例 7-10 中只对 DOM 操作了一次，当新增 li 元素时，点击新增加的 li 元素也会触发父元素 ul 的单击事件。例 7-10 在 Chrome 浏览器运行效果和例 7-9 一致。

> 提示：事件委托的优点：
>
> ① 解决事件处理程序过多的问题，提高性能。在 DOM 树中，尽量在最高的层次上添加一个事件处理程序，管理某一类型的所有事件。
>
> ② 当新增子 DOM 对象时，无须再对其进行事件绑定，这对于动态内容部分尤为合适。

7.7 事件类型

本节将介绍常用的鼠标事件、键盘事件和表单事件。

7.7.1 鼠标事件

鼠标事件是 Web 开发中最常用的一类事件。常用鼠标事件如表 7-2 所示。

表7-2 常用鼠标事件

事 件	描 述
click	单击鼠标时触发此事件
dblclick	双击鼠标时触发
mousedown	按下鼠标按键时触发
mouseup	释放鼠标按键时触发
mousemove	移动鼠标时触发
mouseover	鼠标进入元素时触发
mouseout	鼠标离开元素时触发
mouseenter	类似 mouseover，但不冒泡
mouseleave	类似 mouseout，但不冒泡
contextmenu	当上下文菜单即将出现时触发

下面通过案例演示 mousedown、mouseup、mousemove 和 mouseover 事件的用法。

【例 7-11】产品信息展示

```
1 <div id="box">
2    <ul>
3       <li><img src="images/01.jpg" alt="" /></li>
4       <li><img src="images/02.jpg" alt="" /></li>
5       <li><img src="images/03.jpg" alt="" /></li>
6       <li><img src="images/04.jpg" alt="" /></li>
7       <li><img src="images/05.jpg" alt="" /></li>
8    </ul>
9 </div>
10 <script>
```

```
11      var box = document.getElementById("box");
12      box.onmouseover = function (e) {
13        if(e.target.nodeName == 'img'){
14          var imgSrc = e.target.getAttribute('src');
15          box.style.backgroundImage = "url(images/" + imgSrc.substring(7,
9) + "big.jpg)";
16        }
17      }
18 </script>
```

例 7-11 中，第 12 行代码为 img 的祖先元素 ul 绑定鼠标进入事件及其处理程序。当鼠标进入页面中任意的 img 元素时，都会触发 ul 的 mouseover 事件；第 13 行代码通过 nodeName 属性判断事件源是否是图片，若是，则将当前 img 元素对应的大图显示在页面中。例 7-11 在 Chrome 浏览器中的运行效果，如图 7-7 所示。

图 7-7　【例 7-11】运行效果

【例 7-12】鼠标跟随

```
1 <img src="fendou.jpg" alt="">
2 <script>
3     var pic = document.querySelector('img');
4     document.addEventListener('mousemove', function(e) {
5         var x = e.clientX;
6         var y = e.clientY;
7         pic.style.left = x + 'px';
8         pic.style.top = y + 'px';
9     });
10 </script>
```

例 7-12 中，第 4 行代码为 document 文档绑定鼠标移动事件及其处理程序。当鼠标在页面移动时，将鼠标对象的 clientX 和 clientY 属性值赋值给图片元素的 left 和 top 属性。因此鼠标移动时，图片和鼠标的坐标保持一致。例 7-11 在 Chrome 浏览器中的运行效果，如图 7-8 所示。

图 7-8 【例 7-12】运行效果

【例 7-13】鼠标拖曳

```
1  <div id='div1'></div>
2  <script>
3     var oDiv = document.getElementById('div1');
4     oDiv.onmousedown = function(ev){
5         var disX = ev.clientX - this.offsetLeft;
6         var disY = ev.clientY - this.offsetTop;
7         document.onmousemove = function(ev){
8             oDiv.style.left = ev.clientX - disX + 'px';
9             oDiv.style.top = ev.clientY - disY + 'px';
10        };
11        document.onmouseup = function(){
12            document.onmousemove = null;
13        };
14        return false;
15    }
16 </script>
```

例 7-13 中，第 4 行代码为 div 元素绑定鼠标按下事件及其处理程序；第 5~6 行代码获取鼠标按下位置距离 div 元素的水平和垂直距离；第 7~10 行代码在鼠标按下事件中，为 document 绑定鼠标移动事件及其处理程序。当鼠标在页面移动时，设置 div 元素的 left 和 top 值，使它跟随鼠标移动；第 11~13 行代码在鼠标按下事件中为 document 绑定鼠标释放事件及其处理程序，当鼠标释放时，取消 document 绑定的鼠标移动事件，此时 div 不再跟随鼠标移动。

提示：在例 7-13 中，mousemove 和 mouseup 事件需要在 mousedown 事件触发后才能触发。

7.7.2　键盘事件

键盘事件用来描述键盘行为，主要有 keydown、keypress 和 keyup 三个键盘事件。键盘事件发生时，只有能够接收焦点的元素才能接收键盘事件，例如 document、文本框等。三个键盘事件执行的顺序为 keydown→keypress→keyup。键盘事件描述如表 7-3 所示。

表7-3　键盘事件描述

事　件	描　述
onkeydown	按下键盘上的任意键时触发，如果按住不放会重复触发该事件
onkeypress	按下键盘上的字符键时触发，按下功能键时不触发。如果按住不放则会重复触发该事件
onkeyup	释放键盘上任意键时触发

下面通过案例演示 keydown、keyup 和 keypress 事件的用法。

【例 7-14】键盘事件顺序

```
<script>
    document.addEventListener('keyup', function() {
        console.log('我弹起了');
    })
    document.addEventListener('keypress', function() {
        console.log('我按下了 press');
    })
    document.addEventListener('keydown', function() {
        console.log('我按下了 down');
    })
</script>
```

例 7-14 中，为 document 分别绑定 keyup、keypress 和 keydown 事件及其处理程序。当按下任意按键时，例 7-14 在 Chrome 浏览器控制台中的运行结果，如图 7-9 所示。

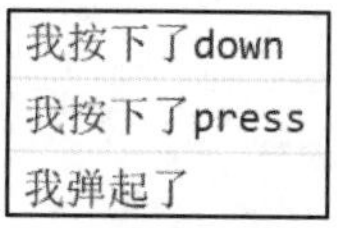

```
我按下了down
我按下了press
我弹起了
```

图 7-9　【例 7-14】运行效果

由图 7-9 可知，三个键盘事件执行的顺序是 keydown→keypress→keyup。

【例 7-15】快递单号查询

```
1  <div class="search">
2      <div class="con"></div>
3      <input type="text" placeholder="请输入您的快递单号" class="jd">
4  </div>
5  <script>
6      var con = document.querySelector('.con');
7      var jd_input = document.querySelector('.jd');
8      jd_input.addEventListener('keyup', function() {
9          if (this.value == '') {
10             con.style.display = 'none';
11         } else {
12             con.style.display = 'block';
13             con.innerText = this.value;
14         }
15     })
16 </script>
```

例 7-15 中，第 8 行代码为文本框绑定键盘释放事件及其处理程序。当文本框获取焦点时，用户按键释放后，若文本框有快递单号，则显示单号放大效果；若文本框为空值，则不显示快递单号放大效果。例 7-15 在 Chrome 浏览器中的运行效果，如图 7-10 所示。

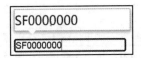

图 7-10 【例 7-15】运行效果

【例 7-16】keyCode 应用

```
1 <div id='div1'></div>
2 <script>
3     var oDiv = document.getElementById('div1');
4     document.onkeydown = function (ev) {
5         switch (ev.keyCode) {//判断按键的代码值
6             case 37: //←
7                 oDiv.style.left = oDiv.offsetLeft - 10 + 'px';
8                 break;
9             case 38: //↑
10                oDiv.style.top = oDiv.offsetTop - 10 + 'px';
11                break;
12            case 39: //→
13                oDiv.style.left = oDiv.offsetLeft + 10 + 'px';
14                break;
15            case 40://↓
16                oDiv.style.top = oDiv.offsetTop + 10 + 'px';
17                break;
18        }
19    };
20 </script>
```

例 7-16 中，第 4 行代码为 document 绑定键盘按下事件及其处理程序；第 5 行代码通过事件对象的 keyCode 属性获取按键的代码值，其中 37、38、39 和 40 分别代表左键（←）、上键（↑）、右键（→）和下键（↓）。用户每按一次方向键，div 元素向指定方向移动 10px。

提示：判断是否按下了 Ctrl、Shift 和 Alt 等功能键，需要使用事件对象的 CtrlKey、shiftKey 和 altKey 属性。当按下了功能键，对应的属性值为 true，否则为 false。

7.7.3 表单事件

表单事件指的是对 Web 表单及表单元素操作时发生的事件。常用表单事件如表 7-4 所示。

表7-4 常用表单事件

事 件	描 述
onfocus	元素获得焦点触发
onblur	元素失去焦点触发
onchange	用户改变域的内容触发
oninput	用户输入时触发
onsubmit	表单提交时触发（绑定在 form 上）
onreset	表单重置时触发（绑定在 form 上）

下面通过案例演示表单事件。

【例 7-17】显示隐藏文本框内容

```
1 <input type="text" value="JavaScript 前端开发与实例教程">
2 <script>
3   var text = document.querySelector('input');
4   text.onfocus = function() {
5     if (this.value === 'JavaScript 前端开发与实例教程') {
6       this.value = '';
7     }
8     this.style.color = '#333';
9   }
10  text.onblur = function() {
11    if (this.value === '') {
12      this.value = 'JavaScript 前端开发与实例教程';
13    }
14    this.style.color = '#999';
15  }
16 </script>
```

例 7-17 中，第 4 行代码为文本框绑定元素获得焦点事件及其处理程序。当文本框获得焦点时，如果文本框的内容没有改变，则清空文本框的内容，将文本颜色设置为灰色；第 10 行代码为文本框绑定元素失去焦点事件及其处理程序。当文本框失去焦点时，如果文本框的内容为空值，则将文本框的内容设置为初始值，将文本颜色设置为黑色。

提示：① 并不是所有的 HTML 元素都有焦点事件，具有"获得焦点"和"失去焦点"事件的元素只有表单元素（单选框、复选框、单行文本框、多行文本框、下拉列表）和超链接。

② 调用元素的 focus() 方法可以使元素获得焦点，调用元素的 blur() 方法可以使元素失去焦点。

【例 7-18】更改皮肤

```
1 <select name="" id="sel">
2   <option value="1">"祝融"探火</option>
3   <option value="2">"羲和"逐日</option>
4   <option value="3">"天和"遨游星辰</option>
5 </select>
6 <script>
7   var sel = document.getElementById("sel");
8   var bd = document.body;
9   sel.onchange = function () {
10    switch (sel.value){
11      case "1":
12        bd.style.backgroundImage = "url(images/1.jpg)";
13        break;
14      case "2":
15        bd.style.backgroundImage = "url(images/2.jpg)";
16        break;
```

```
17              case "3":
18                  bd.style.backgroundImage = "url(images/3.jpg)";
19                  break;
20          }
21      }
22 </script>
```

例 7-18 中，第 9 行代码为下拉列表绑定 onchange 事件及其处理程序。当下拉列表的内容改变时，根据用户选中的项设置 body 的背景图片。例 7-18 在 Chrome 浏览器中的运行结果，如图 7-11 所示。

图 7-11 【例 7-18】运行结果

【例 7-19】文本框剩余字数

```
1 <textarea></textarea><br />
2 <small>文字最大长度：200 字符，还剩：<span id="chLeft">200</span>字符。</small>
3 <script type="text/javascript">
4     var txt = document.querySelector('textarea');
5     txt.oninput = function () {
6         var maxChars = 200;
7         if (this.value.length > maxChars)
8             this.value = this.value.substring(0, maxChars);
9         var curr = maxChars - this.value.length;
10        document.getElementById("chLeft").innerHTML = curr.toString();
11     }
12 </script>
```

例 7-19 中，第 5 行代码为多行文本框绑定 oninput 事件及其处理程序。当多行文本框输入时，如果字符数没有超过限定值 200，则显示还剩余的字符数；如果字符数超过字符限定值，则截取字符串的前 200 个字符显示。例 7-19 在 Chrome 浏览器中的运行结果，如图 7-12 所示。

图 7-12 【例 7-19】运行结果

【例 7-20】表单提交和重置

```
<form action="" id="test">
    姓名：<input type="text" id="username"> <br>
    <input type="submit">
    <input type="reset">
</form>
<script type="text/javascript">
    var test = document.getElementById('test');
    test.onsubmit = function(){
        console.log('提交了');
    }
    test.onreset = function(){
        console.log('重置了');
    }
</script>
```

例 7-20 中，为表单绑定了 onsubmit 和 onreset 事件及其处理程序。用户单击"提交"按钮时触发表单的 onsubmit 事件；用户点击"重置"按钮时触发表单的 onreset 事件；分别点击"提交"和"重置"按钮，例 7-20 在 Chrome 浏览器控制台中的运行结果为：

提交了
重置了

提示：onsubmit 事件的实现通常要绑定到<form>标签上，在用户单击 submit 按钮提交表单时触发。

7.8 案　　例

7.8.1 浮现社会主义核心价值观内容

媒体是网民们获取资讯的主要平台，因此在社会主义核心价值观引导的网络文化构建过程中，如何将社会主义核心价值观融入其中，如何将 24 字社会主义核心价值内容植入到网页中，使之完美契合该网页的设计风格，达到浸润无声的环境育人的目的，是网页设计师应认真思考探究的问题。

1. 案例呈现

用户在页面单击鼠标，页面浮现"富强""民主""文明""和谐""自由""平等""公正""法治""爱国""敬业""诚信""友善"等社会主义核心价值观内容。案例在 Chrome 浏览器中的运行效果，如图 7-13 所示。

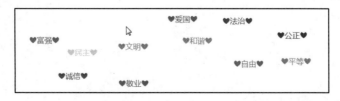

图 7-13　案例效果

2. 案例分析

用户在页面任意位置单击鼠标时，将触发 document 的单击事件。在事件处理程序中，首先创建一个节点，然后将节点内容设置为社会主义核心价值观内容中的一个，节点颜色设置为随机值，节点坐标设置为鼠标坐标，最后将新建节点添加至页面中。

3. 案例实现

```
1 <style>
2     span {
3         position: absolute;
4     }
5 </style>
6 <script>
7    var a = ["❤富强❤", "❤民主❤", "❤文明❤", "❤和谐❤", "❤自由❤", "❤平等❤",
"❤公正❤", "❤法治❤", "❤爱国❤", "❤敬业❤", "❤诚信❤", "❤友善❤"];
8    var i = 0;
9    document.onclick = function(e) {
10       var s = document.createElement("span");
11       s.innerHTML = a[i++ % a.length];
12       s.style.color = "rgb(" + 255 * Math.random() + "," + 255 * Math.rando
m() + "," + 255 * Math.random() + ")";
13       s.style.left = e.clientX + "px";
14       s.style.top = e.clientY + "px";
15       document.body.appendChild(s);
16    }
17 </script>
```

上述代码中，第 7 行代码将社会主义核心价值观内容保存在一个数组中；第 9 行代码为 document 绑定单击事件及其处理程序；第 10~15 行代码创建了 span 元素节点，并将它的内容设置为数组的一个元素，颜色设置为随机值，坐标设置为鼠标坐标，最后将 span 元素节点添加至页面中。

7.8.2 查看网页事件监听器

用户浏览网页时，有时会遇到右键被禁止使用，或不能选中页面文本复制等情况。此时，用户可通过浏览器的开发人员工具，查看网页中元素绑定的事件监听器，在需要的时候，可以删除元素的事件监听以解除功能限制。

1. 案例呈现

以例 7-6 自定义右键菜单为例，用户右键单击页面时，取消默认的右键菜单，显示自定义右键菜单。例 7-6 在 Chrome 浏览器中的运行效果如图 7-14 所示。

图 7-14　案例效果

2. 案例分析

打开 Chrome 浏览器的开发人员工具，在 Elements 面板中的"Event Listeners"窗格中显示了附加到页面上的所有事件，如图 7-15 所示。

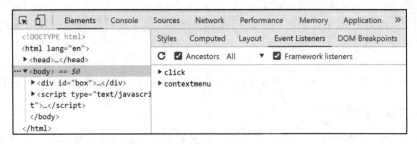

图 7-15　Chrome 浏览器开发人员工具

由图 7-15 可知，页面绑定了 2 个事件，分别是 click 和 contextmenu 事件。单击事件类型左边的箭头，可以看到已注册的事件处理程序列表，如图 7-16 所示。每个处理程序由类似 CSS 选择器的元素标识符标识，例如 document。如果同一个元素注册了多个处理程序，则元素会被重复列出。

图 7-16　事件处理程序列表

3. 案例实现

由图 7-16 可知，document 绑定了 contextmenu 事件和 click 事件。其中，contextmenu 事件处理程序的功能是当用户右键单击页面时，取消默认的右键菜单，显示自定义右键菜单。为了解除此功能，用户在开发人员工具中单击"Remove"，将会删除绑定的 contextmenu 事件。此时，用户右键单击页面时，显示默认的右键菜单。

7.9　本章小结

本章介绍了绑定和删除事件、事件对象、取消默认行为、事件流、事件委托和事件分类，然后通过 2 个案例介绍了事件在 Web 前端的应用。本章可使读者掌握事件的概念和使用方法，为后续章节内容的学习奠定基础。

7.10　本章常见面试题

1. 事件委托的优点和缺点是什么？

优点：

（1）可以节省内存，减少事件注册。

（2）可以实现当新增子对象时，无须再对其进行事件绑定，对于动态内容部分尤为合适。

缺点：

如果把所有事件都用事件代理，可能会出现事件误判。即本不该被触发的事件被绑定上了事件。

2. 什么是防抖和节流？

在网页运行的某些场景下，有些事件会不间断地被触发，如 onscroll 事件。由于频繁的 DOM 操作和资源加载，严重影响了网页性能，甚至会造成浏览器崩溃。此时，我们可以采用防抖和节流的方式来减少调用频率，同时又不影响实际效果。

防抖是指，当持续触发事件时，一定时间段内没有再触发事件，事件处理函数才会执行一次，如果设定的时间到来之前，又一次触发了事件，就重新开始延时。

节流是指，在规定时间内，保证执行一次该函数。

3. 事件流模型都有什么？

（1）IE 的事件流是事件冒泡。

（2）Netscape 的事件流是事件捕获。

（3）W3C 标准事件流包含 3 个阶段：捕获阶段、目标阶段、冒泡阶段。

7.11　实践操作练习题

1. 鼠标进入某行时，当前行背景色设置为红色，其余行设置为白色，效果如图 7-17 所示。

年份	最低分	省控线	录取批次
2021	477	400	本科二批
2021	457	400	本科二批-其他单列
2021	449	400	本科二批-高收费专业
2020	497	418	本科二批
2020	466	418	本科二批-高收费专业
2020	427	180	专科批

图 7-17　练习题 1 效果图

2. 光标离开文本框，判断输入的数据是否符合规则，如果不符合，则在右侧进行提示。规则是输入数据的长度应大于或等于 6，小于或等于 16，效果如图 7-18 所示。

图 7-18　练习题 2 效果图

3. 改变下拉列表框的内容，分别改变星座的图标、今日运势和星座内容三个页面元素。当内容为"白羊座"时，效果图如图 7-19 所示。

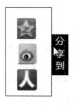

图 7-19　练习题 3 效果图

4. 鼠标进入"分享到"区域，展开具体的分享功能区域；离开"分享到"区域，隐藏具体的分享功能区域，效果如图 7-20 所示。

图 7-20　练习题 4 效果图

5. 使用鼠标滚轮事件实现对指定图片的缩放。

6. 连续按键"↑↑↓↓"，实现图片旋转一周的效果。

7. 实现复制网页文字时，在文字末尾追加版权信息。

第8章

BOM

浏览器中的 JavaScript 由 ECMAScript、DOM 和 BOM 三个不同的部分组成。BOM（Browser Object Model，浏览器对象模型）提供了独立于内容的、可以与浏览器窗口进行互动的对象结构，包括 window、document、navigator、location、history 和 screen 对象。其中 doucument 对象在第 6 章介绍过，本章将介绍除 document 对象之外的其他 BOM 对象。

📖 **本章学习目标**

（1）理解 BOM 的概念。
（2）掌握 window 对象的属性和方法。
（3）了解 navigator、location、history 和 screen 对象的属性和方法。
（4）掌握 JavaScript 动画原理和动画函数。
（5）掌握使用定时器实现网页动画特效的设计方法。

8.1　BOM 概述

BOM 由一系列相关的对象构成，他们提供了独立于内容而与浏览器窗口进行交互的方法，其核心对象是 window。BOM 结构图如图 8-1 所示。

BOM 缺乏标准，JavaScript 语法的标准化组织是 ECMA，DOM 的标准化组织是 W3C，BOM 最初是 Netscape 浏览器标准的一部分。

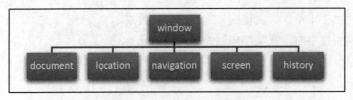

图 8-1　BOM 结构图

提示：BOM 和 DOM 的区别：

① BOM 是把浏览器看作一个"对象"，DOM 是把文档看作一个"对象"。

② BOM 的顶级对象是 window，DOM 的顶级对象是 document。

③ BOM 主要是浏览器窗口交互的一些对象，DOM 主要是操作页面元素。

④ BOM 是浏览器厂商在各自浏览器上定义的，兼容性较差；DOM 是 W3C 标准规范。

⑤ BOM 包含 DOM。

8.2 window 对象

window 对象代表浏览器打开的窗口，它是 JavaScript 访问浏览器窗口的一个接口。

window 对象是全局对象，定义在全局作用域中的变量、函数都会变成 window 对象的属性和方法。window 对象在调用时可以省略，前面学习的对话框都属于 window 对象方法，例如 alert()、prompt() 等。

1. window 对象的常用属性

window 对象的常用属性如表 8-1 所示。

表 8-1 window 对象的常用属性

属 性	描 述
document	引用 document 对象
history	引用 history 对象
location	引用 location 对象
navigator	引用 navigator 对象
screen	引用 screen 对象

2. window 对象的常用事件

window 对象的常用事件如表 8-2 所示。

表8-2 window对象的常用事件

事 件	描 述
onload	页面或图像加载完成后立即发生

【例 8-1】onload 事件

```
1 <script>
2     window.onload = function() {
3         var btn = document.querySelector('button');
4         btn.addEventListener('click', function() {
5             alert('点击我');
6         })
7     }
```

```
 8 </script>
 9 </head>
10 <body>
11    <button>点击</button>
12 </body>
```

例 8-1 中，第 2 行代码为 window 对象绑定了 onload 事件处理及其处理程序。功能是当页面加载完毕，获取页面中的 button 元素，并给 button 绑定单击事件及其处理程序。有了 onload 事件就可以把 JavaScript 代码写在页面元素上方，否则会出现获取不到元素的情况。

3. window 对象的常用方法

window 对象的常用方法如表 8-3 所示。

表8-3　window对象的常用方法

方　法	描　　述
alert()	显示带有一段消息和一个确认按钮的警告框
confirm()	显示带有一段消息以及确认按钮和取消按钮的对话框
prompt()	显示可提示用户输入的对话框
setInterval()	按照指定的周期（以毫秒计）来调用函数或计算表达式
clearInterval()	取消由 setInterval()设置的定时操作
setTimeout()	在指定的毫秒数后调用函数或计算表达式
clearTimeout()	取消 setTimeout()方法设置的定时操作

（1）confirm()方法用于显示一个带有指定消息、OK 按钮和取消按钮的对话框。

语法：confirm(message)
参数描述：弹出的对话框中显示的纯文本。
返回值：如果用户单击“确定”按钮，则返回 true；如果单击取消按钮，则返回 false。

【例 8-2】confirm()方法

```
 1 <script>
 2     window.onload = function() {
 3        var btn = document.querySelector('button');
 4        btn.addEventListener('click', function() {
 5           if( window.confirm("确认删除吗？")){
 6              console.log('执行删除操作');
 7           }
 8           else{
 9              console.log('取消了删除操作');
10           }
11        })
12     }
13 </script>
14 <body>
15   <button>删除</button>
16 </body>
```

例 8-2 中，第 5 行代码调用 window 对象的 confirm()方法，window 可以省略。此时，页面弹出一个对话框，询问用户是否确定删除，如果用户单击"确定"按钮，则在控制台中输出"执行删除操作"；如果单击"取消按钮"，则在控制台中输出"取消了删除操作"。单击"删除"按钮，例 8-2 在 Chrome 浏览器中的运行结果，如图 8-2 所示。

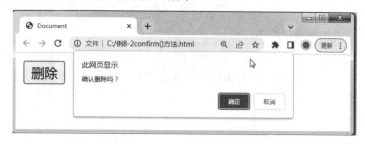

图 8-2　【例 8-2】运行结果

（2）setInterval()方法按照指定的周期（以毫秒计）来调用函数或计算表达式。

语法：setInterval(code, millisec)

参数描述：code 代表要调用的函数或要执行的代码串；millisec 代表周期性执行或调用 code 之间的时间间隔（以毫秒计）。

返回值：一个可以传递给 window.clearInterval()从而取消对 code 的周期性执行的 ID 值。

（3）clearInterval()方法取消由 setInterval()方法设定的定时执行操作。

语法：clearInterval(id_of_setinterval)

参数描述：由 setInterval()返回的 ID 值。

返回值：没有返回值。

【例 8-3】验证码发送倒计时

```
1  手机号： <input type="number" value="159****8521"><br> 验证码：<input type="number">
2  <button>获取验证码</button>
3  <script>
4      var btn = document.querySelector('button');
5      var time = 60;
6      btn.addEventListener('click', function() {
7          btn.disabled = true;
8          var timer = setInterval(function() {
9              if (time == 0) {
10                 // 清除定时器和复原按钮
11                 clearInterval(timer);
12                 btn.disabled = false;
13                 btn.innerHTML = '获取验证码';
14                 time =60;
15             } else {
16                 btn.innerHTML = '还剩下' + time + '秒';
17                 time--;
18             }
19         }, 1000);
```

```
20    })
21 </script>
```

例 8-3 的功能是单击"获取验证码"按钮，按钮禁用，同时按钮里面的内容会变化，每隔 1 秒显示一个内容，如"还剩 50 秒"。当还剩 0 秒时，按钮内容设置为"获取验证码"，解除按钮禁用，用户可以继续单击按钮重复上述过程。

例 8-3 中，第 8 行代码通过调用 setInterval()方法设置了定时器，每隔 1 秒改变一次按钮显示内容；第 11 代码，当 time 等于 0 时，停止定时器。单击"获取验证码"按钮，例 8-3 在 Chrome 浏览器中的运行结果，如图 8-3 所示。

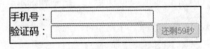

图 8-3　验证码发送倒计时

（4）setTimeout()方法用于在指定的毫秒数后调用函数或计算表达式。

语法：setTimeout(code, millisec)
参数描述：code 代表要调用的函数或要执行的代码串；millisec 代表需要等待的时间（以毫秒计）。
返回值：一个可以传递给 window.clearTimeout()从而取消对 code 执行的 ID 值。

（5）clearTimeout ()方法取消由 setTimeout()方法设置的定时操作。

语法：clearTimeout (id_of_setTimeout)
参数描述：setTimeout()返回的 ID 值。
返回值：没有返回值。

【例 8-4】定时隐藏广告

```
1 <img src="ad.jpg"  width="25%"><br>
2 <button>取消定时隐藏</button>
3 <script>
4     var ad = document.querySelector('.ad');
5     var btn = document.querySelector('button');
6     var t = setTimeout(function () {
7         ad.style.display = 'none';
8     }, 5000);
9     btn.onclick = function () {
10        clearTimeout(t);
11    }
12 </script>
```

例 8-4 的功能是页面中的图片在 5 秒后自动隐藏，单击 "取消定时隐藏"按钮可取消。例 8-4 中，第 6 行代码通过调用 setTimeout()方法设置了定时器，等待 5 秒后设置图片的 display 属性为 none，将之隐藏；第 9 行代码为按钮绑定单击事件及其处理程序，用户单击按钮时取消定时器。例 8-4 在 Chrome 浏览器中的运行结果，如图 8-4 所示。

图 8-4 定时隐藏广告

8.3 location 对象

location 对象是 window 对象的一部分，可通过 window.location 属性来访问。它包含有关当前 URL（uniform resource locator，统一资源定位系统）的信息。

1. location 对象的常用属性

location 对象的常用属性如表 8-4 所示。

表8-4 location对象的常用属性

属 性	描 述
href	设置或返回完整的 URL

href 属性是一个可读、可写的字符串，可设置或返回当前文档的完整 URL。

因此，我们可以通过为该属性设置新的 URL，使浏览器读取并显示新的 URL 的内容。

【例 8-5】自动跳转页面

```
1 <button>点击直接跳转</button>
2 <div>您将在 5 秒后跳转到清华大学出版社官网</div>
3 <script>
4   var btn = document.querySelector('button');
5   var div = document.querySelector('div');
6   btn.addEventListener('click', function() {
7       location.href = 'http://www.tup.tsinghua.edu.cn/';
8   })
9   var timer = 4;
10   setInterval(function() {
11       if (timer == 0) {
12           location.href = 'http://www.tup.tsinghua.edu.cn/';
13       } else {
14           div.innerHTML = '您将在' + timer + '秒后跳转到清华大学出版社官网';
15           timer--;
16       }
17   }, 1000);
18 </script>
```

例 8-5 的功能是单击"点击直接跳转"按钮，页面立刻跳转至 location 对象的 href 属性设置的 URL。如果不单击按钮，则会在 5 秒后自动跳转。

例 8-5 中，第 7 行和 12 行代码通过 location 对象的 href 属性设置 URL，使浏览器跳转。例 8-5 在 Chrome 浏览器中的运行结果，如图 8-5 所示。

图 8-5　【例 8-5】运行结果

2. location 对象的常用方法

location 对象的常用方法如表 8-5 所示。

表8-5　location对象的常用方法

方　法	描　述
assign()	加载一个新的文档
reload()	重新加载当前文档
replace()	用新的文档替换当前文档

（1）assign()方法可加载一个新的文档。

语法：location.assign(URL)
参数描述：网络地址。

示例代码如下：

```
location.assign("http://www.tup.tsinghua.edu.cn/")
```

示例代码的功能是加载清华大学出版社官网的首页。

（2）reload()方法用于重新加载当前文档。

语法：location.reload(force)
参数描述：如果该方法没有规定参数，或者参数是 false，它就会用 HTTP 头来检测服务器上的文档是否已改变。如果文档已改变，reload()会再次下载该文档；如果文档未改变，则该方法将从缓存中装载文档。如果把该方法的参数设置为 true，那么无论文档的最后修改日期是什么，它都会绕过缓存，从服务器上重新下载该文档。

示例代码如下：

```
location.reload()
```

示例代码的功能是重新加载当前文档，相当于"刷新"功能。

（3）replace()方法可用一个新文档取代当前文档。

语法：　location.replace(newURL)
参数描述：一个网络地址。

示例代码如下：

```
location. replace ("http://www.tup.tsinghua.edu.cn/")
```

示例代码的功能是加载清华大学出版社官网首页。replace()方法不会在 History 对象中生成一个新的记录，因此不可以后退。

8.4 navigator 对象

navigator 对象是 window 对象的一部分，可通过 window. navigator 属性来访问。它包含有关浏览器的信息，描述了用户正在使用的浏览器。

navigator 对象的常用属性如表 8-6 所示。

表8-6 navigator对象的常用属性

属　性	描　述
userAgent	返回由客户机发送服务器的 user-agent 头部的值
cookieEnabled	返回指明浏览器中是否启用 cookie 的布尔值

【例 8-6】检测浏览器类型和是否启用 cookie

```
1  <script>
2     console.log(navigator.userAgent);
3     var str = navigator.cookieEnabled ? '启用了' : '没有启用';
4     if (navigator.userAgent.toLowerCase().indexOf("trident") > -1) {
5         console.log('你使用的是 IE' + ', 浏览器的 cookie' + str);
6     } else if (navigator.userAgent.indexOf('Firefox') >= 0) {
7         console.log('你使用的是 Firefox' + ', 浏览器的 cookie' + str);
8     } else if (navigator.userAgent.indexOf('Opera') >= 0) {
9         console.log('你使用的是 Opera' + ', 浏览器的 cookie' + str);
10    } else if (navigator.userAgent.indexOf("Safari") > 0) {
11        console.log('你使用的是 Safari' + ', 浏览器的 cookie' + str);
12    } else {
13        console.log('你使用的是其他的浏览器浏览网页！');
14    }
15 </script>
```

例 8-6 中，第 2 行代码通过 navigator 对象的属性 userAgent 输出当前浏览器的信息；第 3 行代码通过 navigator 对象的属性 cookieEnabled 获取浏览器是否开启了 cookie；第 4~14 行代码根据 userAgent 属性的值判断浏览器的类型。例 8-6 在 Chrome 浏览器控制台中的运行结果，如图 8-6 所示。

```
Mozilla/5.0 (Windows NT 6.1; Win64; x64) AppleWebKit/537.36 (KHTML, like
Gecko) Chrome/98.0.4758.102 Safari/537.36
你使用的是Safari, 浏览器的cookie启用了
```

图 8-6 【例 8-6】运行结果

提示：来自 navigator 对象的信息具有误导性，不应该被用于检测浏览器版本，这是因为：

① navigator 数据可被浏览器使用者更改。

② 一些浏览器对测试站点会识别错误。

③ 无法检测晚于浏览器发布的新操作系统的情况。

④ 由于 navigator 可误导浏览器检测，使用对象检测可用来嗅探不同的浏览器。由于不同的浏览器支持不同的对象，开发者可以使用对象来检测浏览器。例如，由于只有 Opera 支持属性 window.opera，可以据此识别出 Opera。

8.5 history 对象

history 对象是 window 对象的一部分，可通过 window. history 属性来访问。它包含用户在浏览器窗口中访问过的 URL。history 对象的常用属性和方法如表 8-7 所示。

表8-7 history对象的常用属性和方法

属性/方法	描　　述
length	返回浏览器历史列表中的 URL 数量
back()	加载 history 列表中的前一个 URL
forward()	加载 history 列表中的下一个 URL
go()	加载 history 列表中的某个具体页面

（1）back()方法可加载浏览器历史列表中的前一个 URL，等价于单击"后退"按钮或调用 history.go(-1)。语法格式如下：

```
history.back()
```

（2）forward()方法可加载浏览器历史列表中的下一个 URL，等价于单击"前进"按钮或调用 history.go(1)。语法格式如下：

```
history.forward()
```

（3）go()方法可加载历史列表中的某个具体的页面。

语法：history.go(number|URL)

参数描述：URL 参数使用的是要访问的 URL，或 URL 的子串。number 参数使用的是要访问的 URL 在 History 的 URL 列表中的相对位置。

示例代码如下：

```
history.back();//后退，相当于history.go(-1)
history.forward();//前进，相当于history.go(1)
history.go(-2);//后退2个页面
history.go(2);//前进2个页面
```

8.6 screen 对象

screen 对象是 window 对象的一个部分，可通过 window.screen 属性来访问，它包含有关显示浏览器屏幕的信息。JavaScript 程序将利用这些信息来优化它们的输出，以达到用户的显示要求。例如，一个程序可以根据显示器的尺寸选择使用大图像还是使用小图像，它还可以根据显示器的颜色深度选择使用 16 位色还是使用 8 位色的图形。另外，JavaScript 程序还能根据有关屏幕尺寸的信息将新的浏览器窗口定位在屏幕中间。

screen 对象的常用属性如表 8-8 所示。

表8-8　screen对象的常用属性

属　　性	描　　述
availHeight	返回显示屏幕的高度（除 Windows 任务栏之外）
availWidth	返回显示屏幕的宽度（除 Windows 任务栏之外）
height	返回显示屏幕的高度
width	返回显示器屏幕的宽度

示例代码如下：

```
screen.availHeight; // 返回显示屏幕的高度 (除 Windows 任务栏之外)
screen.availWidth; //返回显示屏幕的宽度 (除 Windows 任务栏之外)
screen.height;      //返回显示屏幕的高度
screen.width;       //返回显示器屏幕的宽度
```

8.7 JavaScript 动画

JavaScript 动画是 Web 前端常见的网页特效，例如轮播图、进度条、缓冲显示等，它可以传达状态，提高用户体验，应用非常广泛。

8.7.1 动画原理

JavaScript 动画主要利用定时器来实现。通过循环改变元素的某个 CSS 样式属性，从而达到动态效果，如移动位置、缩放大小、渐隐渐现等。动画执行过程中，有匀速动画、缓动动画等表现形式。

【例 8-7】改变元素位置，实现匀速动画效果

```
1 div {
2     position: absolute;
3     left: 0;
4     width: 100px; height: 100px;background-color: red;
5 }
6 <div></div>
7 <script>
```

```
8       var div = document.querySelector('div');
9       var timer = setInterval(function() {
10          if (div.offsetLeft >= 400) {
11              clearInterval(timer);
12          }
13          div.style.left = div.offsetLeft + 1 + 'px';
14      }, 30);
15 </script>
```

匀速动画是指每次移动的步长相等。例 8-7 的功能是，页面中的 div 元素每隔 30 毫秒向右移动 1 个像素，当它左边距离 body 大于或等于 400px 时停止运动。由于每次向右移动 1 个像素，因此是匀速运动。

例 8-7 中，第 2 行代码设置 div 元素的定位属性是绝对定位，只有绝对定位的元素才可实现移动效果；第 9 行代码开启定时器，使 div 元素每隔 30 毫秒向右移动 1 个像素，当它左边距离 body 大于或等于 400px 时关闭定时器，使它停止运动。例 8-7 在 Chrome 浏览器中的运行结果，如图 8-7 所示。

图 8-7 【例 8-7】运行结果

【例 8-8】改变元素位置，实现缓动动画效果

```
1 <div></div>
2 <script>
3       var div = document.querySelector('div');
4       var timer = setInterval(function() {
5          if (div.offsetLeft == 400) {
6              clearInterval(timer);
7          }
8          var step = (400 - div.offsetLeft) / 10;
9          step = step > 0 ? Math.ceil(step) : Math.floor(step);
10          div.style.left = div.offsetLeft + step + 'px';
11      }, 30);
12 </script>
```

缓动动画是指带有一定缓冲的动画，元素在一定时间内渐进加速或者减速，从而使动画更加的真实和自然。例 8-8 的功能是，页面中的 div 元素每隔 30 毫秒向右执行缓动动画。当它左边距离 body 等于 400px 时停止运动。例 8-8 中第 8~9 行代码通过缓动算法实现每次移动步长先快后慢。

8.7.2　封装动画函数

动画函数可以将执行动画时重复的代码模块化，减少代码量，增强代码的重用性，提高程序的可读性和效率，便于后期维护。

1. 根据动画原理，采用缓动动画算法封装简单的动画函数

【例 8-9】简单的动画函数

```
1  <div></div>
2  <script>
3      function animate(obj, target) {
4          var timer = setInterval(function () {
5              if (obj.offsetLeft == target) {
6                      clearInterval(timer);
7              }
8              var step = (target - obj.offsetLeft) / 10;
9              step = step > 0 ? Math.ceil(step) : Math.floor(step);
10             obj.style.left = obj.offsetLeft + step + 'px';
11         }, 30);
12     }
13     var div = document.querySelector('div');
14     animate(div,400);
15     div.onclick = function(){
16         animate(div,200);
17     }
18 </script>
```

例 8-9 中，第 3~12 行代码定义了缓动动画函数 animate()，它的功能是做动画的元素从当前位置水平移动到目标值，速度先快后慢。其中，obj 代表做动画的元素，target 代表水平方向移动的目标值；第 14 行代码调用 animate()函数使 div 元素移动到 400px 位置；第 15 行代码为 div 元素绑定了单击事件及其处理程序。单击 div 元素，通过调用 animate()函数使 div 元素移动到 200px 位置。

2. 动画函数优化

（1）每次调用函数都需要声明一个局部变量 timer，比较浪费内存。可以利用自定义属性，将 timer 设置为元素的自定义属性，即将例 8-9 第 4 行代码 "var timer" 修改为 obj.timer。

（2）防止动画效果累积，先清除上次的动画效果。比如，在例 8-9 第 3 行代码前添加代码 clearInterval(obj.timer)。

（3）动画函数执行结束之后，可以允许用户做一些后续处理，因此为动画函数添加回调参数。
优化后的动画函数如例 8-10 所示。

【例 8-10】优化后的动画函数

```
1  function animate(obj, target, callback) {
2      clearInterval(obj.timer);
3      obj.timer = setInterval(function () {
4          var step = (target - obj.offsetLeft) / 10;
5          step = step > 0 ? Math.ceil(step) : Math.floor(step);
6          if (obj.offsetLeft == target) {
7              clearInterval(obj.timer);
8              callback && callback();
9          }
10         obj.style.left = obj.offsetLeft + step + 'px';
11     }, 30);
```

```
12 }
```

例 8-10 定义了缓动动画函数 animate()，它的功能是使做动画的元素从当前位置水平移动到目标值，速度先快后慢。其中，obj 代表做动画的元素，target 代表水平方向移动的目标值，callback 代表可选的回调函数，将在动画结束后被执行。缓动动画函数 animate()修改的是元素的 left 属性值，因此只能实现水平移动的动画效果。

【例 8-11】动画函数回调参数应用

```
1 <div></div>
2 <script>
3 function animate(obj, target, callback) {
4     clearInterval(obj.timer);
5     obj.timer = setInterval(function () {
6         var step = (target - obj.offsetLeft) / 10;
7         step = step > 0 ? Math.ceil(step) : Math.floor(step);
8         if (obj.offsetLeft == target) {
9             clearInterval(obj.timer);
10            callback && callback();
11        }
12        obj.style.left = obj.offsetLeft + step + 'px';
13    }, 30);
14 }
15 var div = document.querySelector('div');
16 animate(div,400,function(){
17     console.log('动画结束了');
18 });
19 </script>
```

例 8-11 的功能是，页面中的 div 元素向右移动至 400px 位置停止动画，然后向控制台输出"动画结束了"。第 16 行代码调用动画函数 animate()，向其传递了第三个参数回调函数，使得动画结束后可以向控制台输出信息。例 8-11 在 Chrome 浏览器中的运行结果，如图 8-8 所示。

图 8-8　【例 8-11】运行结果

提示：前端动画场景需求众多，开发者在项目中可以选择第三方 JavaScript 动画库。
　　　它们可以帮助创建出非常出色的 Web 动画。每个动画库都不同，并且每个库都
　　　适合不同的项目，可以根据项目的需要选择使用。例如 Anime.js、Three.js、
　　　Tween.js 等。

8.8 案　例

8.8.1　浮现社会主义核心价值观内容动画效果

在 7.8.1 节实现了页面浮现社会主义核心价值观内容。本节将实现社会主义核心价值观内容浮现并向上运动至消失的动画效果。

1. 案例呈现

用户在页面单击鼠标左键，页面浮现"富强""民主""文明""和谐""自由""平等""公正""法治""爱国""敬业""诚信""友善"等社会主义核心价值观内容，并向上移动 100px，然后消失。案例在 Chrome 浏览器中的运行效果，如图 8-9 所示。

图 8-9　案例效果

2. 案例分析

用户在页面任意位置单击鼠标左键时，将触发 document 的单击事件。在事件处理程序中，首先创建一个节点，将节点内容设置为社会主义核心价值观内容中的一个，节点颜色设置为随机值，节点坐标设置为鼠标坐标，然后将新建节点添加至页面中。最后开启定时器，每隔 100 毫秒改变新创建节点的 top 属性，当上移距离大于 100px 时，停止定时器并删除新增节点。

3. 案例实现

```
1 <script>
2      var a = ["❤富强❤", "❤民主❤", "❤文明❤", "❤和谐❤", "❤自由❤", "❤平等❤", "❤公正❤", "❤法治❤", "❤爱国❤", "❤敬业❤", "❤诚信❤", "❤友善❤"];
3      var index = 0;
4      document.onclick = function(e) {
5          var s = document.createElement('span');
6          s.innerHTML = a[index++ % a.length];
7          s.style.top = e.clientY + 'px';
8          s.style.left = e.clientX + 'px';
9          console.log(e.clientX, e.clientY);
10          s.style.color = 'rgb(' + 255 * Math.random() + ',' + 255 * Math.random() + ',' + 255 * Math.random() + ')';
11          document.body.appendChild(s);
12          var t = s.offsetTop;
```

```
13          var tim = setInterval(function() {
14              s.style.top = s.offsetTop - 10 + 'px';
15              if (Math.abs(t - s.offsetTop) > 100) {
16                  clearInterval(tim);
17                  document.body.removeChild(s);
18              }
19          }, 100)
20      }
21</script>
```

上述代码中，第 13 行代码开启定时器，每隔 100ms，使新建节点向上移动 10px。当上移距离大于 100px 时，停止定时器并删除新增节点。

8.8.2　限时秒杀

限时秒杀是网络商家在某一预定的时间里，大幅度降低活动商品的价格，买家只要在这个时间里成功拍得此商品，便可以用超低的价格买到原本很昂贵的物品的一种营销活动。限时秒杀短时效的限定会给予用户更强烈的紧迫感，让用户产生"机不可失，时不再来"的氛围，同时在数量上的限定，更能勾起用户的购买欲望。

作为消费者秒杀勿冲动，不要被主播的煽动性语言和"限时秒杀"等字眼冲昏了头脑，购物要保持冷静，避免冲动消费行为。

1. 案例呈现

页面显示秒杀的产品图和秒杀结束的剩余时间，每隔 1 秒，递减剩余时间，当剩余时间为 0 时，秒杀活动结束。案例在 Chrome 浏览器中的运行效果，如图 8-10 所示。

图 8-10　案例运行效果

2. 案例分析

案例中，秒杀活动持续时间是 1 分钟。页面加载后，首先根据系统当前时间计算出秒杀的结束时间，然后开启定时器，将结束时间和当前时间相减，并转换成秒杀剩余的秒数；接着判断秒杀时间是否过期，若未过期，则计算剩余的秒数；若已过期，则停止秒杀的倒计时。最后，以两位数字的格式将剩余的时间显示在相应的位置。

3. 案例实现

```
1 <div class="box">
2     <div id="s"></div>
3 </div>
```

```
 4 <script>
 5    var endtime = new Date(), endseconds = endtime.getTime() + 60 * 1000;
 6    var s = 0;
 7    var id = setInterval(function () {
 8       var nowtime = new Date();
 9       var remaining = parseInt((endseconds - nowtime.getTime())/1000);
10       if (remaining > 0) {
11          s = parseInt(remaining % 60);
12          s = s < 10 ? '0' + s : s;
13       } else {
14           clearInterval(id);
15           s = '00';
16       }
17       document.getElementById('s').innerHTML = '距离本场秒杀结束还剩：'+ s +
'秒';
18    }, 1000);
19 </script>
```

上述代码中，第 5 行代码根据系统当前时间计算出秒杀的结束时间；第 7 行代码开启定时器；第 8~9 行代码将结束时间和当前时间相减，并转换成秒杀剩余的秒数；第 11~12 行代码获取剩余的秒数并转换成两位数。第 14 行代码实现当秒杀活动结束时，停止定时器并将剩余秒数设置为"00"；第 17 行代码将剩余秒数显示在相应的位置。

8.9　本章小结

本章介绍了 BOM 概念、window、location、navigator、history、screen 对象和 JavaScript 动画，实现了"浮现社会主义核心价值观内容动画效果"和"限时秒杀"2 个案例。本章可使读者掌握 BOM 的概念和使用方法，为后续章节内容的学习奠定基础。

8.10　本章常见面试题

1. 以下代码输出的结果是什么？

```
console.log(1)
setTimeout(functtion(){
   console.log(2)
},0)
console.log(3)
```

setTimeout 是异步执行函数，JavaScript 主线程运行到此函数时，不会等待 setTimeout 中的回调函数，回调函数会被压进消息队列，然后直接向下执行，当执行完当前事件循环的时候，回调函数会在下次事件循环中被执行。因此输出结果是"1 3 2"。

2. 如何检测浏览器类型？

（1）使用 navigator 对象的 userAgent 属性的值。

（2）由于不同的浏览器支持不同的对象，项目开发中常用对象来检测。

3. JavaScript 动画和 CSS 3 动画有何区别？

（1）CSS 3 动画大多数都是补间动画，JavaScript 动画是逐帧动画。

（2）JavaScript 动画的控制能力比 CSS3 动画强。

（3）JavaScript 动画效果比 CSS3 动画丰富。

（4）JavaScript 动画大多数情况下没有兼容性问题，而 CSS3 动画有兼容性问题。

（5）JavaScript 动画的复杂度高于 CSS3 动画。

项目开发中，当有一个动画的需求时，首要考虑的是能不能实现的问题。如果在 CSS3 动画和 JavaScript 动画都能实现的基础上，则需要权衡哪个性能更好。总之，使用 JavaScript 动画还是 CSS3 动画得看具体的需求和业务场景。

8.11 实践操作练习题

1. 随机点名。页面中有若干个名字和一个按钮，效果如图 8-11 所示。实现以下功能。

（1）单击“点名”按钮，按钮的文本设置为“停止”，不停地随机改变一个名字的背景色为红色，其余名字的背景色为初始值。

（2）单击“停止”按钮，按钮的文本设置为“点名”，随机改变一个名字的背景色为红色，其余名字的背景色为初始值。

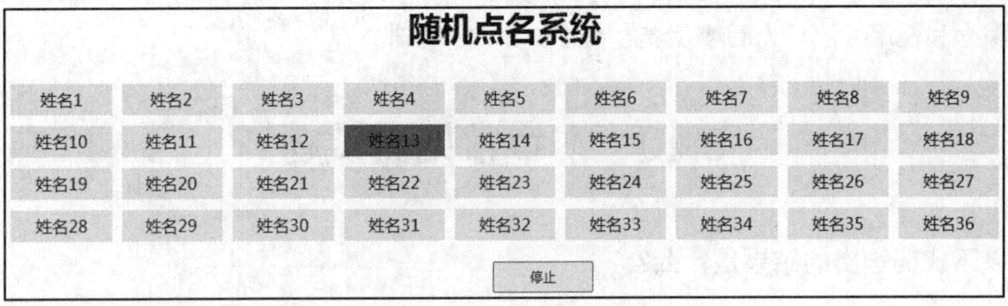
随机点名系统
姓名1
姓名2
姓名3
姓名4
姓名5
姓名6
姓名7
姓名8
姓名9
姓名10
姓名11
姓名12
姓名13
姓名14
姓名15
姓名16
姓名17
姓名18
姓名19
姓名20
姓名21
姓名22
姓名23
姓名24
姓名25
姓名26
姓名27
姓名28
姓名29
姓名30
姓名31
姓名32
姓名33
姓名34
姓名35
姓名36
停止

图 8-11　练习题 1 效果图

2. 新年倒计时。计算当前系统时间距离下一个农历新年还剩多长时间，在页面相应位置显示剩余的天、小时、分钟和秒。每隔 1 秒显示最新的剩余时间，效果如图 8-12 所示。

New Year Countdown
256
days
07
hours
26
minutes
37
seconds

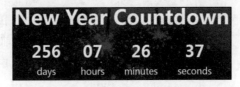

图 8-12　练习题 2 效果图

3. 折页特效。效果如图 8-13 和图 8-14 所示。

（1）鼠标触碰页面右上角收缩的折页图片，徐徐平滑地展开全部折页图片。

（2）鼠标离开页面右上角折页图片，徐徐平滑地收缩图片。

图 8-13　折页收缩状态　　　图 8-14　折页展开状态

4. 漂浮广告。效果如图 8-15 所示。

（1）页面中的"证书领取流程"图片，从左顶点同时向右和向下移动，每次移动 1 个像素，遇到 body 的边界则反向运动（不考虑滚动条）。

（2）鼠标触碰"证书领取流程"图片，停止运动；鼠标离开"证书领取流程"图片，继续运动。

（3）单击"×"，隐藏"证书领取流程"图片并停止运动。

图 8-15　练习题 4 效果图

5. 红绿灯切换。页面中首先显示绿灯，倒计时 35 秒后显示黄灯，倒计时 5 秒后显示红灯，倒计时 30 秒后显示绿灯。上述过程重复执行。效果如图 8-16 所示。

图 8-16　练习题 5 效果图

第9章

JavaScript 特效综合实例

本章将综合运用 ECMAScript、DOM 和 BOM 知识，设计开发电影购票、在线网盘、"2048" 游戏、轮播图、购物车和放大镜等常见的 JavaScript 特效，提升对 JavaScript 的理解和运用能力。

📖 **本章学习目标**

（1）掌握电影购票、在线网盘、"2048" 游戏、轮播图、购物车和放大镜特效设计。

（2）掌握 JavaScript 特效程序设计的思维模式。

9.1 电影购票

因节约时间、优惠力度大、便捷等优点，在线电影购票平台受到了消费者的广泛喜爱。随着人们消费水平的提高，以及互联网行业的快速发展，未来将有更多的网民涌入在线电影购票平台中，也会有更多的企业入局在线电影购票服务市场。

本节将实现在线电影购票平台的以下功能：

（1）在页面左侧区域，单击"可选座位"，将座位设置为"已选座位"，一次最多选 5 个座位。右侧座位号汇总区域显示已选中的座位号，并显示电影票总价。

（2）在页面左侧区域，单击"已选座位"，将座位设置为"可选座位"。右侧选座信息汇总区域取消相应的座位号，并显示电影票总价。

（3）单击页面右侧选座信息汇总区域座位号右上角的"×"，将座位设置为"可选座位"。选座信息汇总区域取消相应的座位号，并显示电影票总价。

（4）"已选座位"数量不为 0 时，"确认选座"按钮设置为可用状态，选座信息汇总区域显示。"已选座位"数量为 0 时，"确认选座"按钮设置为不可用状态，选座信息汇总区域隐藏。

案例在 Chrome 浏览器中的运行效果，如图 9-1 所示。

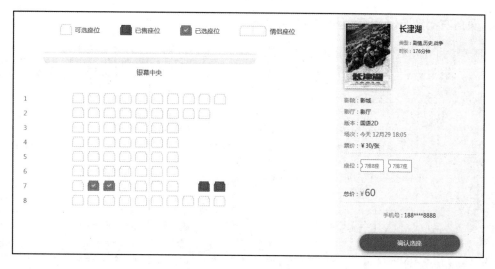

图 9-1　电影购票效果图

9.1.1　页面布局

1. 页面左侧选座区域布局

由图 9-1 可知，左侧选座区域是 8 排 10 列，以第 7 排为例，介绍左侧选座区域布局，示例代码如下（CSS 代码参见配套源码）：

```
<div class="seats-wrapper">
   <div class="row">
   <span class="seat selectable" data-column-id="9" data-row-id="7"></span>
   <span class="seat selected" data-column-id="8" data-row-id="7"></span>
   <span class="seat selected" data-column-id="7" data-row-id="7"></span>
   <span class="seat selectable" data-column-id="6" data-row-id="7"></span>
   <span class="seat selectable" data-column-id="5" data-row-id="7"></span>
   <span class="seat selectable" data-column-id="4" data-row-id="7"></span>
   <span class="seat selectable" data-column-id="3" data-row-id="7"></span>
   <span class="seat empty" data-column-id="" data-row-id="7" data-st="E">
</span>
   <span class="seat sold" data-column-id="2" data-row-id="7" data-st="LK">
</span>
   <span class="seat sold" data-column-id="1" data-row-id="7" data-st="LK">
</span>
   </div>
</div>
```

上述代码中，"<div class="seats-wrapper">"是选座区域的容器，1 个 "<div class="row">" 元素代表一排，1 个 span 元素代表 1 个座位。座位的 class 属性值中，seat 代表公共样式、selectable 代表可选座位、selected 代表已选座位、empty 代表不显示座位、sold 代表座位已经售出；座位的 data-column-id 属性代表座位号；data-row-id 属性代表座位在第几排；data-st 属性代表座位状态，若是值等于 "E" 代表座位不显示，若是值等于 "LK" 代表座位被锁定。

2. 页面右侧选座信息汇总区域和票价区域布局

由图 9-1 可知，右侧选座信息汇总区域已选两个座位，分别是"7 排 8 座"和"7 排 7 座"，总价 60，"确认选座"按钮处于可用状态。HTML 示例代码如下（CSS 代码参见配套源码）：

```
 1 <div class="ticket-info">
 2    <div class="no-ticket" style="display:none">
 3       <p class="buy-limit">座位：一次最多选 5 个座位</p>
 4       <p class="no-selected">请<span>点击左侧</span>座位图选择座位</p>
 5    </div>
 6    <div class="has-ticket" style="display:block">
 7       <span class="text">座位：</span>
 8       <div class="ticket-container" data-limit="5">
 9          <span data-row-id="7" data-column-id="8" data-index="7-8" class="ticket">7 排 8 座</span>
10          <span data-row-id="7" data-column-id="7" data-index="7-7" class="ticket">7 排 7 座</span>
11       </div>
12    <div class="total-price">
13       <span>总价 :</span>
14       <span class="price">60</span>
15    </div>
16 </div>
```

上述代码中，第 1 行代码"<div class="ticket-info">"是本区域的容器；第 2 行代码"<div class="no-ticket" style="display:none">"是没有选中座位的容器，"已选座位"数量不为 0 时，它的状态是隐藏；第 6 行代码"<div class=" has-ticket" style="display:block">"是有选中座位的容器，"已选座位"数量不为 0 时，它的状态是显示；第 8 行代码"<div class="ticket-container" data-limit="5">"是座位号信息的容器；第 9~10 行代码中的 1 个 span 元素代表一个座位号信息，它的 class 属性值是"ticket"；第 12 行代码"<div class="total-price">"是电影票总价的容器；第 14 行代码"<span class="price">60</span>"显示电影票总价。

9.1.2 工具函数

由本节开头的功能（1）、（2）、（3）说明可知，选中或取消选中座位时都需要重新计算电影票总价，因此将计算电影票总价功能封装成函数 showTotalbill()，以便在选中或取消选中座位时调用。示例代码如下：

```
var total_bill = 0 ;//总价
var pricePerTicked = 30;//单价
function showTotalbill(){
    total_bill = document.querySelectorAll(".ticket").length*pricePerTicked;
    document.querySelector('.price').innerHTML = total_bill;
}
```

上述代码声明了函数 showTotalbill()，它的功能是计算电影票总价并显示在相应的位置。其中，变量 total_bill 代表电影票总价；变量 pricePerTicked 代表电影票单价；电影票总价的值是电影票单价乘以电影票数量。

　　由功能（4）可知，"已选座位"数量不为 0 时，"确认选座"按钮设置为可用状态，选座信息汇总区域显示。"已选座位"数量为 0 时，"确认选座"按钮设置为不可用状态，选座信息汇总区域隐藏。每次选中或取消座位时，都将执行上述过程，因此将此功能封装成函数 setTicketsinfoState ()。示例代码如下：

```
 1 function setTicketsinfoState (){
 2     if(document.querySelectorAll(".ticket").length>0){
 3         document.querySelector('.confirm-btn').classList.remove('disable');
 4         document.querySelector('.no-ticket').style.display = 'none';
 5         document.querySelector('.has-ticket').style.display = 'block';
 6     }
 7     else{
 8         document.querySelector('.confirm-btn').classList.add('disable');
 9         document.querySelector('.no-ticket').style.display = 'block';
10         document.querySelector('.has-ticket').style.display = 'none';
11     }
12 }
```

　　上述代码中，第 1 行代码声明了函数 setTicketsinfoState()；第 2~11 行代码判断选中座位的集合长度，如果大于 0，将"确认选座"按钮设置为可用状态，并显示选座信息汇总区域，否则，执行相反的操作。

9.1.3　选座

　　在页面左侧区域，单击"可选座位"，将座位设置为"已选座位"；单击"已选座位"，将座位设置为"可选座位"；一次最多选 5 个座位，同时右侧座位汇总区域显示或取消已选中的座位号，并显示电影票总价。选座程序流程图如图 9-2 所示。

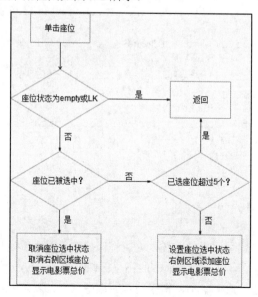

图 9-2　选座程序流程图

　　由于左侧选座区域是 8 排 10 列，如果为每一个座位绑定单击事件，比较消耗资源，因此可以通过事件委托为座位的父元素"<div class="seats-wrapper">"绑定单击事件。示例代码如下：

```
1 document.querySelector('.seats-wrapper').onclick = function (e) {
2    if (e.target.nodeName!="SPAN"||e.target.getAttribute('data-st') == 'E'
|| e.target.getAttribute('data-st') == 'LK')  {
3        return;
4    }
5    else if (e.target.classList.contains('selected')) {
6        e.target.classList.remove('selected');
7        e.target.classList.add('selectable');
8        var tickets = document.querySelectorAll(".ticket");
9        var selectd = e.target.getAttribute('data-row-id') + '-' + e.target.
getAttribute('data-column-id');
10       for (var i = 0; i < tickets.length; i++) {
11           if (tickets[i].getAttribute('data-index') == selectd) {
12               document.querySelector(".ticket-container").removeChild(tick
ets[i]);
13               break;
14           }
15       }
16       showTotalbill();
17   } else if (document.querySelectorAll(".ticket").length >= 5) {
18       alert('一次最多选 5 个');
19   }
20   else{
21       e.target.classList.remove('selectable');
22       e.target.classList.add('selected');
23       var newUL = document.querySelector(".ticket-container");
24       var s = document.createElement('span');
25       s.setAttribute('data-row-id', e.target.getAttribute('data-row-id
'));
26       s.setAttribute('data-column-id', e.target.getAttribute('data-column
-id'));
27       s.setAttribute('data-index',e.target.getAttribute('data-row-id')+'
-'+e.target.getAttribute('data-column-id'));
28       s.className = 'ticket';
29       s.innerText = e.target.getAttribute('data-row-id') + '排' + e.target.
getAttribute('data-column-id') + '座';
30       newUL.appendChild(s);
31       showTotalbill();
32   }
33   setTicketsinfoState();
34 }
```

　　上述代码中，第 1 行代码利用事件委托，为所有座位的父元素绑定单击事件及其处理程序；第 2 行代码判断如果单击的不是座位，或者单击的座位已锁定或 empty，则程序返回；第 5~16 行代码判断如果单击的座位已经处于选中状态，则取消它的选中状态，删除右侧对应座位号，并计算和显示电影票总价；第 17~19 行代码判断如果单击的座位处于未选中状态且已选中座位大于 5 个，则弹出提示框提示；第 21~32 行代码实现将选中的座位设置为选中状态，在右侧选座信息汇总区域添加座位信息，并计算和显示电影票总价；第 33 行代码调用封装的函数 setTicketsinfoState() 设置右侧选座信息汇总区域状态。

9.1.4　取消选座

单击页面右侧选座信息汇总区域座位号右上角的"×"，将座位设置为"可选座位"，同时选座信息汇总区域取消相应的座位号，并显示电影票总价。由于座位号可能有 5 个，如果为每 1 个座位号绑定单击事件，则比较消耗资源，因此可以通过事件委托给座位号的父元素 " <div class="ticket-container"></div>" 绑定单击事件及其处理程序。示例代码如下：

```
1 document.querySelector('.ticket-container').onclick = function (e) {
2     if (document.querySelectorAll(".ticket").length <= 0) {
3         return;
4     }
5     var selected = document.querySelectorAll(".selected");
6     var ticket = e.target.getAttribute('data-index');
7     for (var i = 0; i < selected.length; i++) {
8         if (selected[i].getAttribute('data-row-id') + '-' + selected[i].getAttribute('data-column-id') == ticket)
9         {
10             selected[i].classList.remove('selected');
11             selected[i].classList.add('selectable');
12             break;
13         }
14     }
15     e.target.parentNode.removeChild(e.target);
16     showTotalbill();
17     setTicketsinfoState();
18 }
```

上述代码中，第 1 行代码利用事件委托，为所有座位号的父元素绑定单击事件及其处理程序；第 2 行代码判断如果座位号的集合长度小于 0，则程序返回；第 5~15 行代码将删除的座位号对应的座位设置成可选的状态；第 16~17 行代码设置右侧选座信息汇总区域显示或隐藏，并计算和显示电影票总价。

9.2　在线网盘

在线网盘，又称网络 U 盘、网络硬盘，是由互联网公司推出的在线存储服务。服务器为用户划分一定的磁盘空间，为用户免费或收费提供文件的存储、访问、备份、共享等文件管理功能。用户无论是在家中、单位或其他任何地方，只要连接到因特网，就可以管理、编辑网盘里的文件，不需要随身携带 U 盘。

本节将实现在线网盘的新建文件夹、文件操作和全选功能。案例在 Chrome 浏览器中的运行效果，如图 9-3 所示。

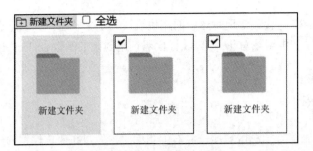

图 9-3　在线网盘效果图

9.2.1　页面布局

页面包括"新建文件夹"按钮、"全选"复选框，新建文件夹的容器和新建文件夹。HTML 代码示例如下，CSS 代码参见配套源码。

```
1 <button  id="createBtn">新建文件夹</button>
2 <input type="checkbox"  id="checkedAll"> 全选
3 <div id="box">
4   <!-- <div class="file fileActive">
5        <img src="img/folder-b.png">
6        <span>新建文件夹</span>
7        <i class="checked"></i>
8     </div> -->
9 </div>
```

上述代码中，第 1 行代码代表"新建文件夹"按钮；第 2 行代码代表"全选"复选框；第 3 行代码代表"新建文件夹"的容器；第 4~8 行代码代表新建文件夹的 HTML 代码结构。由于新建文件夹是动态创建的，因此将第 4~8 行代码注释掉。其中，第 5 行代码代表新建文件夹的图片；第 6 行代码代表新建文件夹的名称；第 7 行代码代表新建文件夹左上角的复选框。

9.2.2　新建文件夹

由页面布局可知，单击"新建文件夹"按钮可以创建文件夹，因此为"新建文件夹"按钮绑定单击事件及其处理程序，示例代码如下：

```
 1 var createBtn = document.querySelector('#createBtn');
 2 var checkedAll = document.querySelector('#checkedAll');
 3 var box = document.querySelector('#box');
 4 createBtn.onclick = function(){
 5     var file = document.createElement("div");
 6     file.className = "file";
 7     file.innerHTML='<img src="img/folder.png"><span>新建文件夹</span><i></i>';
 8     box.appendChild(file);
 9     checkedAll.checked = false;
10 };
```

上述代码中，第 1 行代码获取页面中的"新建文件夹"按钮；第 2 行代码获取页面中的"全选"

复选框；第 3 行代码获取新创建的文件夹的容器；第 4 行代码为按钮绑定单击事件及其处理程序；根据文件夹的 HTML 代码结构，第 5 行代码创建 1 个 div 元素，将它的 class 属性值设置为"file"，innerHTML 属性设置为"<img src="img/folder.png"><span>新建文件夹</span><i></i>"，然后添加至容器 box 中；由于新建文件夹默认没有选中，因此第 9 行代码将"全选"复选框设置为不选中状态。

9.2.3 文件夹操作

文件夹操作，包括鼠标进入文件夹和离开文件夹。当鼠标进入文件夹时，改变当前文件夹的背景色和边框颜色，并显示文件夹左上角的复选框；当鼠标离开文件夹时，如果左上角的复选框没有选中，则还原当前文件夹的背景色和边框颜色，并隐藏文件夹左上角的复选框。

改变当前文件夹的背景色和边框颜色，并让文件夹左上角的复选框显示或隐藏，可以使用 CSS 中定义的"fileActive"类。CSS 示例代码如下：

```css
.fileActive {
    border-color: #000;//边框颜色
    background: #fff;//背景色
}
.fileActive i {
    display: block; //文件夹左上角的复选框显示
}
```

鼠标进入文件夹和离开文件夹会触发当前文件夹的 onmouseover 和 onmouseout 事件，由于文件夹比较多，如果为每一个文件夹绑定事件，比较消耗资源，因此可以通过事件委托为所有文件夹的父元素"<div id="box">"绑定 onmouseover 和 onmouseout 事件及其处理程序。示例代码如下：

```javascript
 1 box.addEventListener('mouseover', function(e) {
 2     var file = null;
 3     if(e.target.classList.contains("file")){
 4         file = e.target;
 5     } else if(e.target.parentNode.classList.contains("file")){
 6         file = e.target.parentNode;
 7     }
 8     if(file){
 9         file.classList.add("fileActive");
10     }
11 });
12 box.addEventListener('mouseout', function(e) {
13     var file = null;
14     if(e.target.classList.contains("file")){
15         file =e.target;
16     } else if(e.target.parentNode.classList.contains("file")){
17         file =e.target.parentNode;
18     }
19     if(file){
20         var checked = file.querySelector('i');
21         if(!checked.classList.contains("checked")){
22             file.classList.remove("fileActive")
```

```
23        }
24     }
25 });
```

上述代码中，第 1 行代码为 box 绑定了 onmouseover 事件及其处理程序；第 3~7 行代码判断触发 onmouseover 事件的事件源是否是文件夹或文件夹的子元素，若是，则将代表文件夹的对象赋值给变量 file，否则 file 的值设置为 null；第 8~10 行代码判断 file 的值，如果为真，则将 file 代表的文件夹对象添加 "fileActive" 类的样式；第 12 行代码为 box 绑定 onmouseout 事件及其处理程序；第 13~19 行代码和 onmouseover 事件中一样；第 20~23 行代码判断文件夹左上角的复选框状态，如果没有选中，则删除 "fileActive" 类的样式。

9.2.4　全选功能

（1）单击 "全选" 复选框，使所有文件夹的选中状态和 "全选" 复选框的选中状态保持一致。示例代码如下：

```
1 var checkedAll = document.querySelector('#checkedAll');
2 checkedAll.onchange = function(){
3    var files = document.querySelectorAll('.file');
4    files.forEach(function(item){
5        var checked = item.querySelector('i');
6        if(checkedAll.checked){
7            item.classList.add("fileActive");
8            checked.classList.add("checked");
9        } else {
10           item.classList.remove("fileActive");
11           checked.classList.remove("checked");
12       }
13   });
14 };
```

上述代码中，第 2 行代码为 "全选" 复选框绑定状态改变事件及其处理程序；第 4-13 行代码遍历所有文件夹，如果选中 "全选" 复选框，则为所有文件夹的样式添加 "fileActive" 类，并选中所有文件夹左上角的复选框；否则，所有文件夹的样式删除 "fileActive" 类，并取消选中所有文件夹左上角的复选框。

（2）单击文件夹左上角的复选框，如果所有文件夹左上角的复选框都处于选中状态，则 "全选" 复选框设置为 "选中" 状态，否则设置为 "未选中" 状态。由于文件夹左上角的复选框比较多，如果为每一个文件夹左上角的复选框绑定单击事件，会比较消耗资源，因此可以通过事件委托为所有文件夹左上角的复选框的父元素 "<div id="box">" 绑定单击事件。示例代码如下：

```
1 box.addEventListener('click', function(e) {
2    if(e.target.tagName == "i"){
3        e.target.classList.toggle("checked");
4        setCheckedAll();// 设置 "全选" 复选框状态
5    }
6 });
7 function setCheckedAll(){
```

```
8      var filesChecked = document.querySelectorAll('.file>i');
9      for(var i = 0; i < filesChecked.length; i++){
10         if(!filesChecked[i].classList.contains("checked")){
11             checkedAll.checked = false;
12             return ;
13         }
14     }
15     checkedAll.checked = true;
16 }
```

上述代码中，第 1 行代码为所有文件夹左上角的复选框的父元素绑定单击事件及其处理程序；第 3 行代码添加或删除当前复选框样式的"checked"类；第 4 行代码调用函数 setCheckedAll()设置"全选"复选框状态；第 7~16 行代码定义函数 setCheckedAll()，它用于设置"全选"复选框的状态。

9.3　"2048"游戏

在 3.5 节介绍了使用数组实现"2048"游戏关键算法的案例。本节将介绍实现"2048"游戏的页面布局、工具函数和键盘事件处理方法。

9.3.1　页面布局

"2048"游戏由 4 行 4 列共 16 个单元格组成。案例在 Chrome 浏览器中的运行效果，如图 9-4 所示。

图 9-4　2048 游戏效果图

HTML 示例代码如下（CSS 代码参见配套源码）：

```
<div id="con">
    <div><img value="0" src="img/0.png" /></div>
    <div><img value="0" src="img/0.png" /></div>
    <div><img value="0" src="img/0.png" /></div>
    <div><img value="0" src="img/0.png" /></div>
    <div><img value="0" src="img/0.png" /></div>
    <div><img value="0" src="img/0.png" /></div>
    <div><img value="0" src="img/0.png" /></div>
    <div><img value="0" src="img/0.png" /></div>
    <div><img value="0" src="img/0.png" /></div>
```

```
    <div><img value="0" src="img/0.png" /></div>
    <div><img value="0" src="img/0.png" /></div>
    <div><img value="0" src="img/0.png" /></div>
    <div><img value="0" src="img/0.png" /></div>
    <div><img value="0" src="img/0.png" /></div>
    <div><img value="0" src="img/0.png" /></div>
    <div><img value="0" src="img/0.png" /></div>
</div>
```

上述代码中，"<div id="con">"代表游戏区域，1 个"<div><img value="0" src="img/0.png" /></div>"元素代表一个单元格，共有 16 个。在每个单元格内嵌入了一幅图片代表游戏数字，value 属性值是图片代表的数字。游戏初始化，单元格均显示"0.png"，代表数字 0。数字图片素材效果图，如图 9-5 所示。

图 9-5 数字图片素材效果图

9.3.2 工具函数

案例用到的工具函数共有 3 个：生成随机数字函数 create()、单元格移动函数 run()、数据转换函数 dataTransfer()。其中数据转换函数算法已在 3.5 节介绍过，本小节介绍生成随机数字函数和单元格移动函数的封装。

1. 生成随机数字函数

页面加载后在 16 个单元格内随机生成一个数字 2；用户按键移动单元格后，需要在 16 个单元格内重新随机生成一个数字 2。因此将生成随机数字的功能封装成函数。示例代码如下：

```
 1 var imgs = document.querySelectorAll('img');
 2 function create() {
 3     var random = Math.floor(Math.random() * imgs.length);
 4     if (imgs[random].getAttribute('value') == 0) {
 5         imgs[random].setAttribute('value', 2);
 6         imgs[random].src = 'img/2.png';
 7     } else {
 8         create();
 9     }
10 }
```

上述代码封装了函数 create()。该函数中，首先生成随机数，随机数的范围是 0~15。然后随机获取 16 个格子中的 1 个，如果格子的数字图片是"0.png"，则将数字图片设置为"2.png"；如果格子的数字图片不是"0.png"，说明此格子已有数据，重新执行函数 create()。

2. 单元格移动函数

用户通过按键"↑""→""↓""←"移动单元格时，这四个按键的区别是方向不同，单元格移动的方法是相同的。因此将单元格移动的功能封装成函数。示例代码如下：

```
1  function run(arr) {
2      var  newValue = dataTransfer([
3      Number(imgs[arr[0]].getAttribute('value')),
4      Number(imgs[arr[1]].getAttribute('value')),
5      Number(imgs[arr[2]].getAttribute('value')),
6      Number(imgs[arr[3]].getAttribute('value'))
7      ]);
8      for (var i=0; i<arr.length; i++) {
9          imgs[arr[i]].setAttribute('value', newValue[i]);
10         imgs[arr[i]].src = 'img/'+ newValue[i] +'.png';
11     }
12 }
```

上述代码封装了函数 run()。该函数中，第 2~7 行代码调用 dataTransfer()函数，将形参数组 arr 对应的单元格数据按规则转换为新的数组；第 8~11 行代码将对应单元格的 value 属性值设置为新的数据；src 属性设置为新的数字图片。例如，调用函数 run([0,1,2,3])，[0,1,2,3]代表页面中第一行的 4 个单元格，imgs[arr[0]]代表第一个单元格，imgs[arr[0]].getAttribute('value')代表第一个单元格的数字图片的值。

9.3.3　键盘事件处理

游戏的规则是用户通过按键"↑""→""↓""←"控制所有方块向同一个方向运动，因此需要监听页面的键盘事件。"↑""→""↓""←"按键的键值分别是 38、39、40、37。示例代码如下：

```
document.onkeydown = function (e) {
    switch (e.keyCode) {
        case 38: // ↑
            run([0,4,8,12]);
            run([1,5,9,13]);
            run([2,6,10,14]);
            run([3,7,11,15]);
            break;
        case 39: // →
            run([3,2,1,0]);
            run([7,6,5,4]);
            run([11,10,9,8]);
            run([15,14,13,12]);
            break;
        case 40: // ↓
            run([12,8,4,0]);
            run([13,9,5,1]);
            run([14,10,6,2]);
            run([15,11,7,3]);
```

```
        break;
    case 37:  // ←
        run([0,1,2,3]);
        run([4,5,6,7]);
        run([8,9,10,11]);
        run([12,13,14,15]);
        break;
    }
    create();
}
```

上述代码为 document 绑定了键盘 onkeydown 事件及其处理程序。用户单击方向按键，控制所有方块向同一个方向运动。以用户按"←"键为例，run([0,1,2,3])代表向左移动第 1 行的 4 个单元格；run([4,5,6,7])代表向左移动第 2 行的 4 个单元格；run([8,9,10,11])代表向左移动第 3 行的 4 个单元格；run([12,13,14,15])代表向左移动第 4 行的 4 个单元格。最后调用函数 create()创建随机数字 2。

9.4　轮　播　图

轮播图是指在一个模块或者窗口，通过鼠标点击或手指滑动后，可以看到多幅图片。这些图片统称为轮播图。轮播图常见于电商类、资讯类应用、功能首页、功能模块主页面，几乎成了所有网站的标配，也是网站的一大看点和亮点。轮播图默认情况下是循环轮播，如果单击某个指示块，会直接跳转到所单击的那幅轮播图，并且图片标题及轮播指示器会同步跳转。

本节将介绍轮播图的页面布局、轮播动画和防止暴力点击功能，案例在 Chrome 浏览器中的运行效果，如图 9-6 所示。

图 9-6　轮播图效果

9.4.1　页面布局

轮播图图片移动的实现原理是：利用浮动将所有图片依次排成一行，给这一长串图片添加一个遮罩层，每次只显示一幅图，其余的全部隐藏起来。对图片的父级元素添加绝对定位，通过控制图片的 left 属性，实现照片的整体移动。HTML 示例代码如下（CSS 代码参见配套源码）：

```
1 <div class="w">
2   <div class="main">
3     <div class="focus fl">
```

```
4          <a href="javascript:;" class="arrow-l"> &lt; </a>
5          <a href="javascript:;" class="arrow-r"> &gt;</a>
6          <ul>
7            <li><a href="#"><img src="upload/1.jpg" alt=""></a> </li>
8            <li><a href="#"><img src="upload/2.jpg" alt=""></a> </li>
9            <li><a href="#"><img src="upload/3.jpg" alt=""></a> </li>
10           <li><a href="#"><img src="upload/4.jpeg" alt=""></a></li>
11           <li><a href="#"><img src="upload/1.jpeg" alt=""></a></li>
12         </ul>
13       </div>
14     </div>
15   </div>
```

上述代码中，第 3 行 "<div class="focus fl">" 是图片区域的遮罩层，它的宽度和 1 幅图片的宽度保持一致，overflow 属性设置为 hidden，每次只显示一幅图片。position 属性设置为 relative，使子元素 ul 相对它进行移动；第 4~5 行代码设置图片区域左右的两个指示按钮；第 6~12 行代码是要移动的 ul 元素，以及轮播图中的所有图片。

9.4.2　轮播动画

轮播动画实现的原理是：鼠标进入轮播图，每单击图片区域左侧按钮一次，ul 向右移动 1 次，移动距离是一幅图片的宽度；每单击图片区域右侧按钮一次，ul 向左移动 1 次，移动距离是一幅图片的宽度。鼠标离开轮播图，自动轮播。ul 移动过程中，采用缓动动画效果，即先快后慢地到达目标点。案例调用本书 8.7 节封装的动画函数 animate() 实现轮播动画效果。

1. 单击图片区域右侧按钮

示例代码如下：

```
1 var arrow_r = document.querySelector('.arrow-r');
2 var focus = document.querySelector('.focus');
3 var ul = focus.querySelector('ul');
4 var num = 0;
5 focus.addEventListener('mouseenter', function() {
6   arrow_l.style.display = 'block';
7   arrow_r.style.display = 'block';
8   clearInterval(timer);
9   timer = null; // 清除定时器变量
10 });
11 arrow_r.addEventListener('click', function() {
12   if (num == ul.children.length - 1) {
13     ul.style.left = 0;
14     num = 0;
15   }
16   num++;
17   animate(ul, -num * 721);
18   }
19 });
```

上述代码中，第 1~3 行代码分别获取右侧按钮、遮罩层和要移动的 ul 元素；第 5 行代码为遮罩层绑定鼠标进入事件及其处理程序。当鼠标进入时，左右按钮设置为显示状态，关闭自动轮播动画效果；第 11 行代码为右侧按钮绑定单击事件及其处理程序；在事件处理程序中，第 17 行代码调用缓动动画函数 animate()向左移动 ul，每次移动距离是 num×721，721 代表 1 幅图片的宽度。第 12~15 行代码判断当图片轮播到最后 1 幅时，将 ul 的 left 属性和变量 num 还原，从第 1 张继续轮播。

2. 单击图片区域左侧按钮和右侧原理一样，方向不同

示例代码不再赘述。

3. 自动轮播

```
var timer = setInterval(function() {
    arrow_r.click();
}, 2000);
```

上述代码中，开启定时器，每隔 2 秒触发右侧按钮单击事件，实现自动轮播效果。

4. 鼠标离开遮罩层，自动轮播

示例代码如下：

```
focus.addEventListener('mouseleave', function() {
    arrow_l.style.display = 'none';
    arrow_r.style.display = 'none';
    timer = setInterval(function() {
        //手动调用单击事件
        arrow_r.click();
    }, 2000);
});
```

上述代码为遮罩层绑定鼠标离开事件及其处理程序。当鼠标离开时，左右按钮的状态设置为隐藏；开启定时器，每隔 2 秒触发右侧按钮单击事件，实现自动轮播效果。

9.4.3 防止暴力点击

如果用户快速点击按钮触发单击事件，则会在短时间内多次调用动画函数，导致轮播图出现抖动。为了限制用户快速点击，始终保证轮播图的动画同时只有一个执行，优化单击事件处理程序。示例代码如下：

```
1 var flag = true;
2 arrow_r.addEventListener('click', function() {
3     if (flag) {
4         flag = false;
5         if (num == ul.children.length - 1) {
6             ul.style.left = 0;
7             num = 0;
8         }
9         num++;
10        animate(ul, -num * focusWidth, function() {
```

```
11              flag = true;
12          });
13      }
14 });
```

上述代码中，与 9.4.2 节示例代码的区别已被标注了黑体的行号。第 1 行代码声明变量 flag，它代表当前动画是否执行完毕，初始值为 true；单击右侧按钮时，第 3 行代码首先判断 flag 的值，如果是 true，则调用动画函数，并将 true 的值设为 false，否则不执行。当本次动画结束后，第 11 行代码将 flag 设置为 true，此时可以执行下一次动画。

提示：前端轮播图种类很多，比如横向循环焦点图片、环形旋转木马视图切换、动态进入的切换图、缩放的 banner 图切换和分离缓动切换等。实际项目中可以采用免费开源的第三方轮播图插件来实现不同的效果，比如 Swiper 等。

9.5　网络购物车

网络购物车是顾客在进行网上购物时肯定会接触到的购物工具。它用来临时存储用户选择的商品，协助顾客从虚拟商场中选取商品、携带商品，并到虚拟的收银台结账。它作为平台交易转化最重要的环节之一，是电商类产品设计的标配功能。本节将实现网上购物车的页面布局、勾选商品、增减和删除商品、小计和合计等功能。

9.5.1　页面布局

购物车由一个 table 标签和一个 div 标签构成，其在 Chrome 浏览器中的运行效果，如图 9-7 所示。

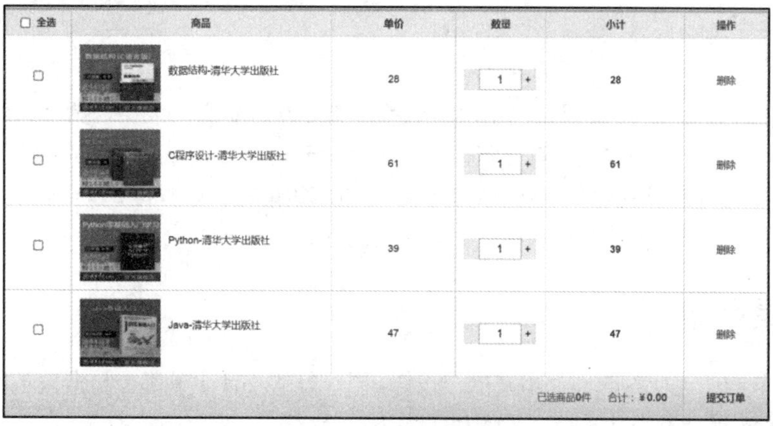

图 9-7　购物车效果

table 标签共有 5 行 6 列，第 1 行是表头，第 2~5 行的每一行都代表一个商品，依次用 td 标签存放商品的勾选框、商品缩略图及名称、商品单价、商品增减操作按钮以及小计、删除按钮等。div 标签存放已选商品数量、合计金额和提交订单按钮。以只有 1 个商品为例，HTML 示例代码如下所示（CSS 代码参见本书配套源码）：

```
1 <table id="cartTable">
2  <tr>
3    <th><label><input class="check-all check" type="checkbox">全选</label>
</th>
4    <th>商品</th>
5    <th>单价</th>
6    <th>数量</th>
7    <th>小计</th>
8    <th>操作</th>
9  </tr>
10  <tr class="on">
11    <td class="checkbox"><input class="check-one check" type="checkbox"></
td>
12    <td class="goods"><img src="images/1.jpg"><span>数据结构-清华大学出版社</s
pan></td>
13    <td class="price">28</td>
14    <td class="count">
15      <span class="reduce"></span>
16      <input class="count-input" type="text" value="1">
17      <span class="add">+</span>
18    </td>
19    <td class="subtotal">28</td>
20    <td class="operation"><span class="delete">删除</span></td>
21  </tr>
22 </table>
23 <div class="foot" id="foot">
24    <div class="fr closing">提交订单</div>
25    <div class="fr total">合计：¥<span id="priceTotal">0</span></div>
26    <div class="fr selected" id="selected">   已选商品<span id="selectedTota
l">0</span>件</div>
27 </div>
```

上述代码中，第 1~22 行代码定义了表格标签；第 2~9 行定义了表头，第 1 行的第 1 个单元格是全选框；第 10~21 行代码定义了第 2 行，共有 5 个单元格，依次存放商品的勾选框、商品缩略图及名称、商品单价、商品增减操作按钮以及小计、删除按钮等；第 23~27 行代码定义了 div 标签，依次存放已选商品数量、合计金额和提交订单按钮。

9.5.2　工具函数

（1）用户单击任一行内的商品增减操作按钮，同一行的小计金额都会根据数量的变化而变化，因此应封装函数实现金额小计功能。示例代码如下：

```
function getSubtotal(tr) {
    var cells = tr.cells;
    var price = cells[2];
    var countInput = tr.getElementsByTagName('input')[1];
    var subtotal = (parseInt(countInput.value) * parseFloat(price.innerHTML)).
toFixed(2);
```

```
        cells[4].innerHTML = subtotal;
        var span = tr.getElementsByTagName('span')[1];
        if (countInput.value == 1) {
            span.innerHTML = '';
        }else{
            span.innerHTML = '-';
        }
    }
```

上述代码中定义了函数 getSubtotal(tr)，它根据单价和数量计算金额小计，并显示在页面相应的单元格中。如果数量不为 1，则将显示商品减少操作符"-"。形式参数 tr 代表进行小计的行对象。

（2）用户选中某个商品或全选商品时，已选商品数量和合计都会根据选中商品及其数量的变化而变化，因此应封装函数实现合计功能。示例代码如下：

```
function getTotal() {
    var seleted = 0;
    var price = 0;
    for (var i = 0, len = tr.length; i < len; i++) {
        if (tr[i].getElementsByTagName('input')[0].checked) {
            seleted += parseInt(tr[i].getElementsByTagName('input')[1].valu
e);
            price += parseFloat(tr[i].cells[4].innerHTML);
        }
    }
    selectedTotal.innerHTML = seleted;
    priceTotal.innerHTML = price.toFixed(2);
}
```

上述代码定义了函数 getTotal()，它遍历累加每行商品的数量和金额小计，计算出已选商品数量和合计金额，并显示在页面相应的位置。

9.5.3　勾选商品

用户单击某行的勾选框时，如果勾选框状态是未选中，则取消全选，然后调用 getTotal()函数计算并显示已选商品数量和合计金额；用户单击全选框时，所有行内勾选框状态和全选框状态保持一致，然后调用 getTotal()函数计算并显示已选商品数量和合计金额。

示例代码如下：

```
 1 for(var i = 0; i < checkInputs.length; i++ ){
 2    checkInputs[i].onclick = function () {
 3       if (this.className.indexOf('check-all') >= 0) {
 4          for (var j = 0; j < checkInputs.length; j++) {
 5             checkInputs[j].checked = this.checked;
 6          }
 7       }
 8       if (!this.checked) {
 9          checkAllInput.checked = false;
10       }
11       getTotal();
```

```
12     }
13 }
```

上述代码中，第 1~2 行代码循环遍历所有的 checkbox，为每一个 checkbox 绑定单击事件及其处理程序；第 3~7 行代码设置所有行内勾选框状态和全选框状态保持一致；第 8~10 行代码判断如果当前勾选框状态未选中，则取消全选；第 11 行代码调用 getTotal()函数计算并显示已选商品数量和合计金额。

9.5.4 增减和删除商品

表格的每一行内有减少商品、增加商品和删除按钮等，可以通过事件委托，为它们的父元素 tr 对象绑定单击事件及其处理程序。单击某行内的商品增减操作按钮，同一行的小计金额都会根据数量的变化而变化；单击删除按钮将当前行（当前商品）删除。示例代码如下：

```
1 for (var i = 0; i < tr.length; i++) {
2    tr[i].onclick = function (e) {
3       var el = e.target
4       var cls = el.className;
5       var countInput = this.getElementsByTagName('input')[1];
6       var value = parseInt(countInput.value);
7       switch (cls) {
8          case 'add':
9             countInput.value = value + 1;
10            getSubtotal(this);
11            break;
12         case 'reduce':
13            if (value > 1) {
14               countInput.value = value - 1;
15               getSubtotal(this);
16            }
17            break;
18         case 'delete':
19            var conf = confirm('确定删除此商品吗？');
20            if (conf) {
21               this.parentNode.removeChild(this);
22            }
23            break;
24      }
25      getTotal();
26   }
27 }
```

上述代码中，第 1~2 行代码循环遍历所有的 tr，为每一个 tr 绑定单击事件及其处理程序；第 3~6 行代码通过事件对象的 target 属性获取事件源，并获取事件源的 class 属性和当前行的已购商品数量；第 7~24 行代码通过 switch 语句判断，如果事件源是增加商品按钮，则将已购商品数量加 1，并调用 getSubtotal(this)进行小计；如果事件源是减少商品按钮，并且已购商品数量大于 1，则将已购商品数量减 1，并调用 getSubtotal(this)进行小计；如果事件源是删除商品按钮，则询问用户是否将当前行从购物车删除；第 25 行代码调用 getTotal()函数，计算并显示已选商品数量和合计金额。

9.6　放　大　镜

电商网站的商品详情页面，通常提供放大镜功能，可以让用户通过小图查看大图，方便用户更清晰地查看商品细节。本节将实现放大镜的页面布局、遮罩层移动和图片放大等功能，放大镜在 Chrome 浏览器中的运行效果，如图 9-8 所示。

图 9-8　放大镜效果

9.6.1　页面布局

放大镜的原理是：准备两幅相同的图片，一幅是小图显示在商品的展示区域，另一幅是大图用于鼠标在小图上移动时，按比例显示大图中的对应区域。放大镜的 HTML 示例代码如下（CSS 代码参见配套源码）：

```
1 <div class="box">
2     <img src="images/small.jpg" >
3     <div class="mask"></div>
4     <div class="big">
5         <img src="images/big.jpg"  class="bigImg">
6     </div>
7 </div>
```

上述代码中，第 1 行代码的 div 是整个放大镜区域的容器；第 2 行代码中的 img 标签是小图，显示在商品的展示区域；第 3 行代码中 div 标签是鼠标移动过程中跟随鼠标的遮罩层；第 4 行代码的 div 是大图显示的容器。遮罩层和大图默认是隐藏状态。

9.6.2　功能实现

1. 获取元素

```
var box = document.querySelector('.box');
var mask = document.querySelector('.mask');
var big = document.querySelector('.big');
var bigIMg = document.querySelector('.bigImg');
```

上述代码中，分别获取放大镜盒子、遮罩层、显示大图的区域和大图。

2. 显示与隐藏遮罩层和大图区域

```
1 box.addEventListener('mouseover', function () {
2    mask.style.display = 'block';
3    big.style.display = 'block';
4 })
5 box.addEventListener('mouseout', function () {
6    mask.style.display = 'none';
7    big.style.display = 'none';
8 })
```

上述代码为放大镜盒子添加 onmouseover 和 onmouseout 事件及其处理程序，当鼠标进入放大镜盒子时，遮罩层和大图区域显示；当鼠标离开放大镜盒子时，遮罩层和大图区域隐藏。

3. 移动遮罩层

当鼠标在放大镜盒子内移动时，遮罩层跟着鼠标移动，示例代码如下：

```
1 box.addEventListener('mousemove', function (e) {
2    var x = e.pageX - this.offsetLeft;
3    var y = e.pageY - this.offsetTop;
4    var maskX = x - mask.offsetWidth / 2;
5    var maskY = y - mask.offsetHeight / 2;
6    var maskMax = box.offsetWidth - mask.offsetWidth;
7    if (maskX <= 0) {
8       maskX = 0;
9    } else if (maskX >= maskMax) {
10      maskX = maskMax;
11   }
12   if (maskY <= 0) {
13      maskY = 0;
14   } else if (maskY >= maskMax) {
15      maskY = maskMax;
16   }
17   mask.style.left = maskX + 'px';
18   mask.style.top = maskY + 'px';
```

上述代码中，第 1 行代码为放大镜盒子绑定鼠标移动事件及其处理程序；第 2~3 行代码获取鼠标在盒子内的坐标；第 4~5 行代码获取遮罩层的坐标；第 6~16 行代码限制遮罩层的横纵坐标最小值是 0，最大值是盒子的宽度减去遮罩层的宽度；第 17~18 行代码设置遮罩层的横纵坐标。

4. 按照比例移动大图

根据遮罩层在小图中的位置，按比例在大图中完成相应区域的展示，在第 3 步的第 18 行代码后面添加以下代码：

```
// 大图能移动的总距离=大图的宽度-大图区域的宽度
19 var bigMax = bigIMg.offsetWidth - big.offsetWidth;
// 大图的横纵坐标 = 遮罩层横纵坐标*大图能移动的总距离/遮罩层能移动的总距离
20 var bigX = maskX * bigMax / maskMax;
21 var bigY = maskY * bigMax / maskMax;
```

```
// 遮罩层与大图的移动方向相反
22 bigIMg.style.left = -bigX + 'px';
23 bigIMg.style.top = -bigY + 'px';
```

第 19 行代码计算大图移动的最大距离；第 20~21 行代码计算大图的横纵坐标；第 22~23 行代码设置大图的横纵坐标。

9.7 本章小结

本章通过 JavaScript 的 BOM 操作、DOM 操作、表格操作、事件处理等知识，实现了电影购票、在线网盘、2048 游戏、轮播图、网络购物车和放大镜等常见特效。通过本章的综合实例，可使读者学会 JavaScript 特效实现的思路以及思考需要运用哪些技术，以怎样的方式去实现各种功能。

9.8 实践操作练习题

1. 轮播图功能扩展。单击图片区域左侧按钮实现轮播图轮播。

2. 购物车功能扩展。表格每一行的已购数量，允许用户输入。如果用户输入的数据不是数字，或者小于等于 0，则将数量设置为 1，并同时更改当小计和合计数值。

3. 照片墙。拖曳照片，实现照片互换位置。在 Chrome 浏览器中的运行效果，如图 9-9 所示。

4. 星星消除小游戏。游戏区域随机下坠小星星图片，单击图片，图片水平方向震动并消失，下一幅图片以更快的速度下落。如果超过 9 幅小星星图片下落到底部，游戏结束。在 Chrome 浏览器中的运行效果，如图 9-10 所示。

图 9-9 照片墙效果

图 9-10 星星消除小游戏效果

第10章

Ajax 技术

　　网站中许多功能是由前后端数据交互实现的，例如，用户注册和登录、发表评论、查询数据等。没有前后端数据交互，就不能实现对网站内容动态和交互式的管理。本章将介绍通过 Ajax 技术完成前后端数据交互，以及利用 JSON 数据格式传输数据。

　📖 **本章学习目标**

　　（1）理解 Ajax 技术原理。
　　（2）掌握 JSON 数据格式。
　　（3）理解 Ajax 跨域原理。
　　（4）掌握使用 JSON 和 Ajax 实现前后端数据交互的方法。

10.1　Ajax 简介

　　Ajax（Asynchronous JavaScript And XML，异步 JavaScript 和 XML），是一种利用异步 JavaScript 和 XML 实现前后端数据交互的技术。Ajax 不是一门新的语言或技术，而是由 JavaScript、XML、DOM、CSS 等多种已有技术组合而成的一种浏览器端技术。Ajax 允许只更新一个 HTML 页面的部分 DOM，而无须重新加载整个页面。Ajax 还允许异步工作，因此使用 Ajax 技术可以减轻服务器的负担、节省带宽、给用户更好的体验。Ajax 早期使用 XML 来传输数据，但现在更多地通过 JSON 传输数据。

10.2　Ajax 对象

　　在本节中，将介绍 Ajax 核心对象 XMLHttpRequest，并通过 XMLHttpRequest 对象提供的方法和属性，向服务器发送请求和获取服务器数据。

10.2.1　创建 XMLHttpRequest 对象

在使用 Ajax 技术发送请求和处理服务器返回数据之前，必须创建一个 Ajax 对象 XMLHttpRequest，用于与服务器交互。通过 XMLHttpRequest 对象，可以在不刷新页面的情况下获取数据。这允许网页在不影响用户操作的情况下，更新页面的局部内容。创建 XMLHttpRequest 对象的示例代码如下。

```
var xhr = new XMLHttpRequest();
```

10.2.2　向服务器发送请求

XMLHttpRequest 对象创建成功之后，可以调用它的 open()和 send()方法来发送请求和数据。open()和 send()方法的语法说明，如表 10-1 所示。

表10-1　open()和send()方法的语法说明

方　　法	描　　述
open(method, url, async)	规定请求的类型： method：请求的类型（GET 或 POST） url：服务器（文件）位置 async：true（异步）或 false（同步）
send()	向服务器发送请求（用于 GET）
send("name1=value1&name2=value2...")	向服务器发送请求（用于 POST）

前后端数据交互必须在服务器环境下进行，开发人员可以自己搭建服务器，也可以使用第三方数据接口。本书通过开发人员工具的 Network 模块来获取服务器数据接口地址、需要发送给服务器的数据和服务器返回的数据，如图 10-1 所示。图 10-1 中标号 1 代表 Network 模块；标号 2 代表服务器数据接口地址和需要发送给服务器的数据；标号 3 代表服务器返回的数据。

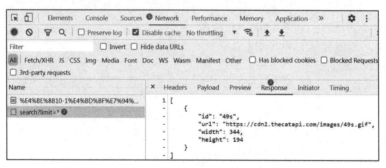

图 10-1　开发人员工具 Network 模块

异步方式（默认）：当 XMLHttpRequest 对象向服务器发送请求后，不用等待服务器响应，可以继续执行后面的代码。当服务器响应后，再来处理 XMLHttpRequest 对象获取到的响应结果。

同步方式：当 XMLHttpRequest 对象向服务器发送请求后，会等待服务器响应的数据接收完成，再继续执行后面的代码。由于同步方式的 Ajax 导致程序阻塞，会对用户体验造成不利影响，因此通常情况下不推荐使用同步方式。

GET 方式适合从服务器获取数据。如果使用 GET 方式发送数据，则必须在 URL 末尾添加要发送的数据。发送的数据格式如下。

?参数名 1=参数值 1&参数名 2=参数值 2&……

示例代码如下。

```
xhttp.open("GET"," 服务器地址?key=OB4BZ-D4W3U-B7VVO", true);
xhttp.send();
```

POST 方式适合向服务器发送数据。发送数据时，前端需要设置内容的编码格式，告知服务器用什么样的格式来解析数据。使用 POST 方式发送数据，必须将数据作为 send 方法的参数。示例代码如下。

```
//设置异步请求类型和服务器地址
xhttp.open("POST", "服务器地址", true);
//设置内容的编码格式
xhr.setRequestHeader('Content-type', 'application/x-www-form-urlencoded');
//向服务器发送数据
xhttp.send("modules=ChinaVaccineTrendData ");
```

10.2.3　获取服务器数据

获取服务器数据时，需要用到 XMLHttpRequest 对象的四个属性，如表 10-2 所示。

表10-2　XMLHttpRequest对象属性

属　　性	描　　述
onreadystatechange	监听 Ajax 状态的改变，每当 readyState 属性改变时，就会触发 onreadystatechange 事件
readyState	XMLHttpRequest 的状态： 0：请求未初始化 1：服务器连接已建立 2：请求已接收 3：请求处理中 4：请求已完成，且响应已就绪
status	状态码： 200（成功）：服务器已成功处理了请求 400（错误请求）：400~417 表示请求可能出错
responseText	将响应信息作为字符串返回

通过事件属性 onreadystatechange 来监听 Ajax 状态的变化，示例代码如下：

```
xhr.onreadystatechange = function () {//事件监听
    if (xhr.readyState == 4 && xhr.status == 200) {//请求已完成并且状态码代表成功
        console.log(xhr.responseText)//控制台输出返回数据
    }
}
```

下面通过例 10-1 演示 GET 方式向服务器请求数据。

首先打开目标页面，然后打开开发人员工具的 Network 模块，其中 Fetch/XHR 选项列出了当前页面的 Ajax 请求，JS 选项卡列出了当前页面的 JSONP 请求。由此可以获取接口地址、需要发送给服务器的数据和服务器返回的数据，如图 10-2 所示。图中标号 1 代表 Network 模块，标号 2 代表服务器数据接口地址和需要发送给服务器的数据，标号 3 代表服务器返回的数据。

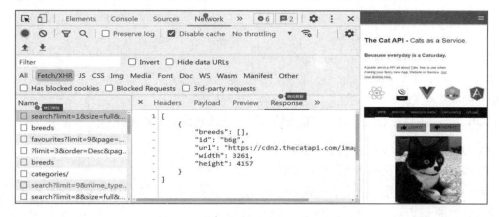

图 10-2　GET 方式向服务器请求数据

【例 10-1】使用 GET 方式获取数据。

```
1 <script>
2     //创建 XMLHttpRequest 对象
3     var xhr = new XMLHttpRequest();
4     //设置异步请求类型和服务器地址
5     xhr.open("GET", "服务器地址", true);
6     //监听 Ajax 状态的变化
7     xhr.onreadystatechange = function () {
8         //请求已完成并且状态码代表成功
9         if (xhr.readyState == 4 && xhr.status == 200) {
10            //控制台输出返回数据
11            console.log(xhr.responseText)
12        }
13    }
14    //向服务器发送数据
15    xhr.send();
16 </script>
```

例 10-1 中，第 3 行代码创建 XMLHttpRequest 对象；第 5 行代码设置异步请求类型和服务器地址，使用 GET 方式；第 7~13 行代码监听 Ajax 状态的变化，当请求已完成并且状态码代表成功时向控制台输出返回数据；第 15 行代码向服务器发送数据。例 10-1 在 Chrome 浏览器控制台中输出结果，如图 10-3 所示。

图 10-3　控制台输出返回数据

10.3 Ajax 数据交换格式

本节将介绍 Ajax 数据交换格式 JSON，并通过 JSON 方法将获取的服务器数据显示在前端。

10.3.1 JSON 简介

JSON（JavaScript Object Notation）是一种轻量级的数据交换格式。它采用完全独立于编程语言的文本格式来存储和表示数据，能够轻松地在服务器和浏览器之间传输数据，目前已成为各大网站交换数据的标准格式。

JSON 主要具有以下特性，这些特性使它成为理想的数据交换格式。

（1）JSON 是轻量级的文本数据交换格式。

（2）JSON 具有自我描述性，更易理解。

（3）JSON 采用完全独立于语言的文本格式。

10.3.2 JSON 数据格式

JSON 数据格式的语法格式如下。

```
{
    "名称 1": 值 1,
    "名称 2": 值 2,
    ……
    "名称 n": 值 n
}
```

JSON 使用一对大括号将键值对括起来，键名必须用双引号引起来，每个键值对之间用逗号分隔，最后一个键值对的后面不需要逗号。

值必须是以下数据类型之一。

（1）字符串

字符串必须用双引号包围，示例如下。

```
{"fullname": "东城区"}
```

（2）数字

数字必须是整数或浮点数，示例如下。

```
{ "age":30 }
```

（3）JSON 对象

值可以是一个 JSON 对象，示例如下。

```
{
    "location": {
        "lat": 28.523919,  //纬度
        "lng": 100.23114   //经度
```

```
    }
}
```

（4）数组

值可以是一个数组，示例如下。

```
{
    "pinyin": [ "dong","cheng"]
}
```

（5）布尔

```
{ "sale":true }
```

（6）null

```
{ " fullname ":null }
```

常见的行政区划 JSON 数据格式，示例如下：

```
{
    "id": "110000",//行政区划唯一标识，值为字符串类型
    "name": "北京",//简称，值为字符串类型
    "fullname": "北京市",//全称，值为字符串类型
    "pinyin": ["bei","jing"],//行政区划拼音，值为数组类型
    "location": {//经纬度，值为对象类型
        "lat": 39.90469,// 纬度，值为数字类型
        "lng": 116.40717// 经度，值为数字类型
    },
    "cidx": [0,15]// 子级行政区划在下级数组中的下标位置，值为数组类型
}
```

10.3.3　JSON 方法

JSON 本质是一个字符串，前端获取到 JSON 数据后，需要将 JSON 数据解析为 JavaScript 对象，然后通过该对象引用键名来获取对应的属性值。

JSON 包含两个方法实现与 JavaScript 对象的相互转换。

（1）JSON.parse()方法把 JSON 数据格式的字符串转换为 JavaScript 对象，示例如下。

```
var data = '{"name": "北京"}';//声明一个 JSON 数据格式的字符串
var obj = JSON.parse(data);//将 JSON 解析为 js 对象
console.log(obj);//输出{"name": "北京"}
console.log(obj.name);//输出对象的 name 属性值：北京
```

（2）JSON.stringify() 将 JavaScript 对象转换为字符串，示例如下。

```
var obj = {"name": "北京"};//声明一个 JavaScript 对象
var data = JSON.stringify(obj); //将 JavaScript 对象转换为字符串
console.log(data); //输出{"name": "北京"}
console.log(typeof data); //输出 string
```

下面通过例 10-2 解析例 10-1 获取的数据，并展示在页面上。由例 10-1 可知，获取的 JSON 数

据格式如下。

```
[{"id":"bqn","url":"https://cdn2.thecatapi.com/images/bqn.jpg","width":1024,
"height":768}]
```

例 10-2 使用 JSON.parse()方法把获取的 JSON 数据转换为 JavaScript 对象，然后通过该对象引用键名来获取对应的值，并显示在页面中。

【例 10-2】JSON 数据解析。

```
1 <script>
2    var img = document.getElementById('test'); //获取页面中图片标签
3    var xhr = new XMLHttpRequest();
4    xhr.open("GET", "服务器地址", true);
5    xhr.onreadystatechange = function () {
6        if (xhr.readyState == 4 && xhr.status == 200) {
7            //将获取的 JSON 数据解析成 JavaScript 对象
8            var resData = JSON.parse(xhr.responseText);
9            img.src = resData [0].url;
10       }
11   }
12   xhr.send();//向服务器发送请求
13 </script>
```

例 10-2 中，第 8 行代码将获取的 JSON 数据解析成 JavaScript 对象 resData；第 9 行代码通过对象 resData 的属性获取图片地址数据，并显示在页面中。例 10-2 在 Chrome 浏览器中输出效果，如图 10-4 所示。

图 10-4　数据展示

10.4　Ajax 跨域

为了保证用户信息的安全，防止恶意的网站窃取数据，Netscape 提出了同源策略，保护本地数据不被 JavaScript 代码获取回来的数据污染。如果非同源，在请求数据时，浏览器会在控制台中报一个异常，提示拒绝访问。

同源策略是指当两个页面有相同的源时，浏览器允许第一个页面的脚本访问第二个页面里的数据。同源是指域名、协议、端口都相同。例 10-1 和例 10-2 在向服务器发送 Ajax 请求时，由于域名不同，因此属于跨域请求。

跨域请求解决办法之一：为使受信任的网站之间能够跨域访问，HTML5 提供了一个新的策略，就是设置 Access-Control-Allow-Origin 响应头。服务器通过该响应头可以指定允许来自特定 URL 的跨域请求，其值可以设置为任意 URL 或特定 URL 等。运行例 10-1 程序，打开开发人员工具的 Network 模块可以看到，服务器的 Access-Control-Allow-Origin 响应头设置为*，即任意 URL，因此我们可以正常接收数据，如图 10-5 所示。

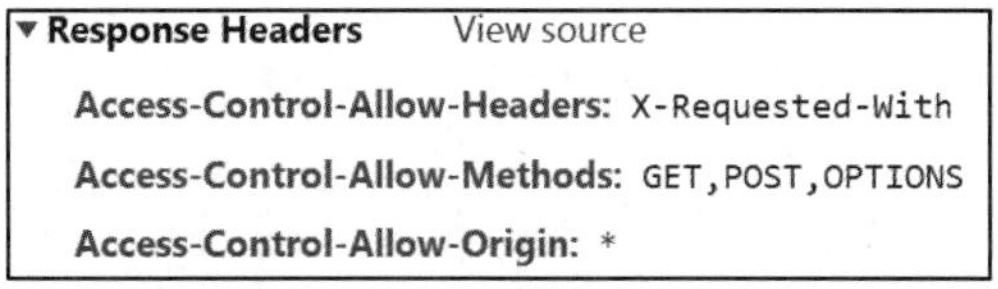

▼ **Response Headers**　　View source

Access-Control-Allow-Headers: X-Requested-With

Access-Control-Allow-Methods: GET,POST,OPTIONS

Access-Control-Allow-Origin: *

图 10-5　服务器允许跨域访问的响应头设置

跨域请求解决办法之二：　JSONP（JSON with Padding）。JSONP 是 JSON 的一种"使用模式"，可用于解决主流浏览器的跨域数据访问的问题。

JSONP 实现跨域请求的原理：动态创建<script>标签，然后利用<script>标签的 src 属性不受同源策略约束来跨域获取数据。

JSONP 实现跨域请求的步骤说明如下。

步骤01 定义回调函数，用于接收返回的数据。

步骤02 创建< script >标签，设置其 src 属性为一个跨域的 url，url 中应包含一个值为上一步骤中创建的回调函数名的参数 callback。

步骤03 服务器收到这个请求以后，会将 JSON 数据放在回调函数的参数位置返回。

步骤04 作为参数的 JSON 数据被视为 JavaScript 对象，而不是字符串，因此避免了使用 JSON.parse() 的步骤。

下面通过例 10-3 演示使用 JSONP 向百度服务器请求搜索数据。

【例 10-3】JSONP 获取百度服务器搜索数据。

```
1 <script>
2     var name = 'jsonp' + Math.random().toString().replace('.', '');//定义回
调函数名
3     window[name] = function(data){//定义回调函数，将它挂载在全局对象下
4         console.log(typeof  data); //输出返回数据的数据类型
5         console.log(data);//输出获取的数据
6     };
7     var script = document.createElement('script'); //创建<script>标签
8     var attr = document.createAttribute('src');// 创建<src>属性
9     //设置其 src 属性为一个跨域的 url，包含参数 callback，其值为定义的回调函数名
10    attr.value = '服务器地址' + '?callback=' + name;
11    script.setAttributeNode(attr); //将 src 属性添加至<script>标签
12    document.body.appendChild(script); //将<script>标签添加至页面
13 </script>
```

例 10-3 中，第 2 行代码声明随机的回调函数名称；第 3~6 行代码定义回调函数的功能，其中参数 data 用于接收服务器数据；第 7~11 行代码创建<script>标签并初始化其属性值；第 12 行代码

将新创建的<script>标签添加至 body 中，浏览器会从设置的服务器地址获取 JSON 数据。例 10-3 中输入搜索词"ajax"的页面效果，如图 10-6 所示。

图 10-6 例 10-3 页面效果

10.5 封装 Ajax 方法

通过例 10-1 和例 10-2 可知，使用 Ajax 向服务器发送请求时有很多代码是重复的，比如每次需要创建一个 XMLHttpRequest 对象，通过例 10-3 可知使用 JSONP 每次都需要创建一个<script>标签。因此，为了解决大量重复代码的问题，在实际工作中将使用封装的 Ajax 方法。本节将介绍 jQuery中封装的$.Ajax()方法的用法。

jQuery 是一个 JavaScript 库，封装了 JavaScript 常用的功能代码，其中$.Ajax()方法封装了 Ajax请求，使用它可以大大简化代码。$.Ajax()方法语法格式如下。

```
$.Ajax({
    //请求地址
    url : " ",
    //可选参数，请求方式(post 或者 get)，默认是 get
    type : "",
    //可选参数，发送到服务器的数据，要求是 Object 或 string 类型的参数
    data : { }  ,
    //可选参数，请求成功
    success : function(result) {
        console.log(result);
    },
    //预期服务器返回的数据类型
    //json: 返回 JSON 数据
    //jsonp: JSONP 格式
    dataType: ' '
});
```

下面通过例 10-4 演示$.Ajax()方法的用法。

【例 10-4】使用$.Ajax()改写例 10-3。

```
1 <!--引入 jQuery 库-->
2 <script src="js/jquery.min.js"></script>
3 <script >
```

```
4 $.Ajax({
    //请求地址
5   url:'服务器地址',
    //预期服务器返回的数据类型
6   dataType:'jsonp',
    //请求成功
7   success:function(data){
        //输出获取的数据类型，jquery 会自动将 json 数据格式转化为 object 类型
8       console.log(typeof  data);
        //输出获取的数据
9       console.log(data);
    }
});
</script>
```

例 10-4 中，第 2 行代码引入了 jQuery 库；第 4~9 行代码调用 jQuery 库的$.Ajax()方法完成与服务器的数据交互。

10.6 案例：获取腾讯天气预报数据

天气与人们的生活息息相关，能够提前精确地预知天气是中华民族从古至今不断追求的事情。我国气象学家叶笃正不畏艰苦为国家崛起而奋斗，在国际上为中国气象增添了靓丽的一笔。20 世纪 50 年代至 60 年代，他致力于大气长波理论、大气运动的适应理论和大气环流的突变理论，为中国赢得了国际学术声誉；20 世纪 60 年代至 70 年代，他开创了青藏高原气象学，为中国的天气预报和气象预报奠定了基础。这些都是当时国际气象研究的前沿方向。正是凭着这些原创的科学成果，叶老和他的同事结束了中国千百年来"天有不测风云"的时代。中国科学院院士、气候学专家李崇银一直保持着百分百的激情和干劲，夜以继日地学习钻研，在热带气象学、大气低频振荡及其动力学和 ENSO 循环动力学等大气科学前沿领域内取得了系统的创新性成果，为推动热带气象学及气候动力学的发展做出了贡献。他被特招入伍后，继续用自己的毕生所学为军队服务，为国家奋斗。

1. 案例呈现

本节使用$.Ajax()方法实现如图 10-7 所示的腾讯天气预报数据展示功能,数据来源是腾讯服务器。

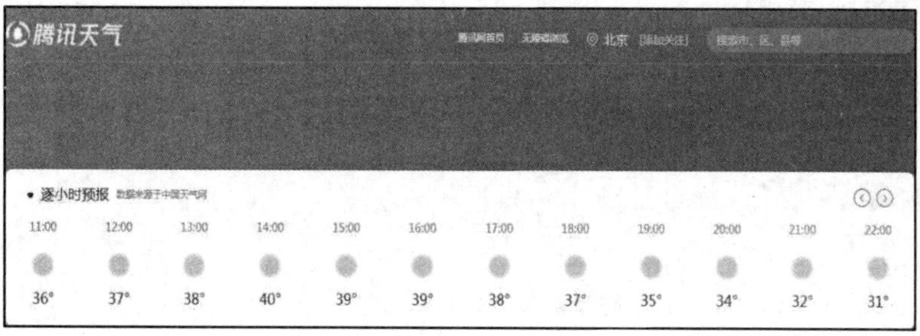

图 10-7 腾讯天气预报数据展示

2. 案例分析

访问腾讯天气页面，如图 10-8 所示，然后打开开发人员工具的 Network 模块，获取天气数据的接口地址、发送给服务器的数据和服务器返回的数据，如图 10-9 所示。其中标号 2 代表服务器数据接口地址和发送给服务器的数据，标号 3 代表服务器返回的响应数据。

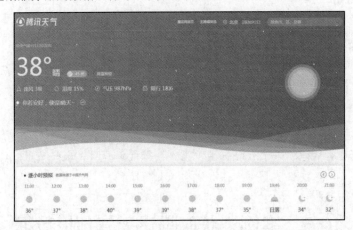

图 10-8　腾讯天气预报页面

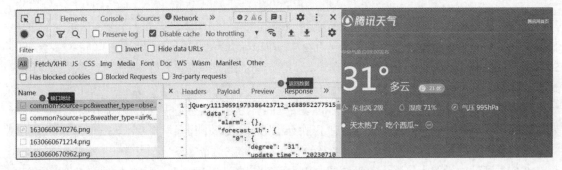

图 10-9　腾讯天气数据的接口地址及数据

$.Ajax 方法的调用示例如下。

```
$.Ajax({
    url:'服务器地址',
    dataType:'jsonp',
    data:{
        source:'pc',
        weather_type:'forecast_1h|forecast_24h',
        province:'北京',
        city:'北京'
    },
    success:function(res){
        console.log(res);//输出获取的数据
    }
});
```

获取的北京天气预报数据，如图 10-10 所示。

```
jQuery1113015436441672228091_1688952937926({
    "data": {
        "forecast_1h": {
            "0": {
                "degree": "31",
                "update_time": "20230710080000",
                "weather": "多云",
                "weather_code": "01",
                "weather_short": "多云",
                "wind_direction": "微风",
                "wind_power": "3"
            },
            "1": {
                "degree": "32",
                "update_time": "20230710090000",
                "weather": "多云",
                "weather_code": "01",
                "weather_short": "多云",
                "wind_direction": "东北风",
                "wind_power": "3"
            },
```

图 10-10　北京天气预报数据

其中，forecast_1h 保存了逐小时天气预报的详细数据，degree 保存了温度，update_time 保存了更新时间，weather 保存了天气状况，weather_code 保存了天气图片的文件名序号，wind_direction 保存了风向，wind_power 保存了风力。

3. 案例实现

经过以上分析，本案例的 JavaScript 代码如下，HTML、CSS 代码详见本书配套的源码。

```
<!--引入 jquery 框架-->
1 <script src="js/jquery.min.js"></script>
2 <script>
3     var lsWeatherHour = document.getElementById('ls-weather-hour');
4     $.Ajax({
5         url: ' 服务器地址 ',
6         data: { source: 'pc',
                weather_type: 'forecast_1h|forecast_24h',
                province: '北京',
                city: '北京' },
7         dataType: 'jsonp',
8         success: function (data) {
9             for (var key in data.data.forecast_1h) {
10                var li = document.createElement('li');
11                li.className = 'item';
12                var p2 = document.createElement('p');
13                p2.innerHTML = data.data.forecast_1h[key].update_time.subst
ring(8, 10) + ":" + data.data.forecast_1h[key].update_time.substring(10, 12)
14                p2.className = 'txt-time';
15                li.appendChild(p2)
16                var i = document.createElement('img');
17                i.src = "./腾讯天气_files/" + data.data.forecast_1h[key].weat
her_code + ".png"
```

```
18              tds[4].innerHTML = res.data.diseaseh5Shelf.chinaTotal.impor
tedCase;
19              i.alt = data.data.forecast_1h[key].weather_short;
20              i.title = data.data.forecast_1h[key].weather_short;
21              i.className = 'icon';
22              li.appendChild(i);
23              var p1 = document.createElement('p') ;
24              p1.innerHTML = data.data.forecast_1h[key].degree + '°';
25              p1.className = 'txt-degree';
26              li.appendChild(p1) ;
27              lsWeatherHour.appendChild(li)
28          }
29      }
30   });
31 </script>
```

上述代码中，第 1 行代码引入了 jQuery 库。第 4 行代码调用 jQuery 库的$.Ajax()方法完成与服务器的数据交互。第 9~27 行代码将获取的数据显示在页面中。

10.7　本章小结

本章介绍了 Ajax 概念、XMLHttpRequest 对象、向服务器发送请求、获取服务器数据、JSON 对象、Ajax 跨域和 jQuery 的$.ajax()方法，实现了"获取腾讯天气预报数据"案例。本章可使读者掌握 Ajax 技术的概念和使用方法，为后续章节内容的学习奠定基础。

10.8　本章常见面试题

1. Ajax 请求中 POST 方式和 GET 请求方式的区别是什么？

（1）GET 方式请求数据在 URL 中，而 POST 方式则是作为 HTTP 消息的实体内容发送给服务器。

（2）GET 方式提交的数据最多只能是 1024 字节，POST 方式没有限制。

（3）GET 方式请求的数据会被浏览器缓存起来，因此其他人就可以从浏览器的历史记录中读取到这些数据，例如账号和密码等。在某种情况下，GET 方式会带来严重的安全问题。而 POST 方式相对来说就可以避免安全问题。

2. JSONP 的优缺点是什么？

优点。

（1）它不像 XMLHttpRequest 对象实现的 Ajax 请求那样受到同源策略的限制。

（2）它的兼容性更好，在更加古老的浏览器中都可以运行。

缺点。

使用 JSONP 的时候必须保证使用的 JSONP 服务是安全可信的。

3. Ajax 技术的优缺点是什么？

优点。

（1）页面无刷新，用户的体验非常好。

（2）使用异步方式与服务器通信，具有更加迅速的响应能力。

（3）减轻服务器和带宽的负担，节约空间和带宽租用成本，并且减轻服务器的负担。

（4）基于标准化的并被广泛支持的技术，不需要下载插件和小程序。

缺点。

（1）不支持浏览器返回按钮。

（2）安全问题，Ajax 暴露了与服务器交互的细节。

（3）对搜索引擎的支持比较弱。

（4）破坏了程序的异常机制。

（5）不易调试。

10.9　实践操作练习题

1. 将 JavaScript 对象{"confirm": 137655, "dead": 5700}转换为 JSON 数据格式，并在控制台中输出转换后对应的类型和值。习题效果如图 10-11 所示。

```
string
{"confirm":137655,"dead":5700}
```

图 10-11　习题 1 输出效果

2. 将 JSON 数据{"confirm": 137655, "dead": 5700}转换为 JavaScript 对象，并在控制台中输出转换后对应的类型和值。习题效果如图 10-12 所示。

```
object
▼{confirm: 137655, dead: 5700} 🛈
   confirm: 137655
   dead: 5700
 ▶[[Prototype]]: Object
```

图 10-12　习题 2 输出效果

第 11 章

基于 ECharts 的疫情实时监控系统

本章将综合运用 ECMAScript、BOM、DOM、Ajax 和数据可视化等知识，讲解基于 ECharts 的疫情实时监控系统的设计与开发。本系统实现了实时更新疫情数据，展示疫情新增、累计趋势及中国各地区疫情数据等功能；实现了疫情数据可视化，可直观地展现疫情形态，传达疫情信息，对疫情溯源、监测、疫情防控部署等方面起到了积极作用；同时也能够使人们更好地把握疫情走向及疫情数据，从而提升人们对疫情的重视，共同抗击疫情。

📖 **本章学习目标**

（1）了解 JavaScript 常用数据可视化框架。
（2）掌握 ECharts 用法。
（3）掌握基于 ECharts 的疫情实时监控系统的设计与开发。

11.1 数据可视化简介

数据可视化是将数据转换为易于人们辨识和理解的视觉表现形式。目前人们在各个领域面对海量数据，需要借助数据可视化技术把海量数据转换为动态图像或图形，并利用交互手段帮助人们理解数据，以便完成进一步的数据分析。开发者利用可视化框架进行数据可视化设计，不仅能提高开发效率，也能给用户提供更好的体验。

Web 页面是用户获取信息的主要入口，它也是数据可视化内容呈现和交互的主要载体。常见的数据可视化框架包括 ECharts、D3、Highcharts 等。

D3（Data-Driven Document）是一个 JavaScript 图形库，支持高度可定制和交互式的基于 Web 的数据可视化，提供了各种简单易用的函数，大大简化了 JavaScript 操作数据的难度。

Highcharts 是一个用 JavaScript 编写的图表库，能够很简单便捷地在 Web 网站或是 Web 应用程序添加有交互性的图表。Highcharts 支持的图表类型有直线图、曲线图、区域图、柱状图、饼状图、散状点图、仪表图、气泡图、瀑布流图等多达 20 种图表，其中很多图表可以集成在同一个图形中形成混合图。

实现数据可视化有多种框架选择，合理选一种适合项目的框架，充分了解它的优势和劣势，可以提高开发效率，给用户提供更好的体验。

11.2　ECharts

11.2.1　ECharts 简介

ECharts 是一款开源的基于 JavaScript 的数据可视化图表库，可以流畅地运行在 PC 和移动设备上，兼容当前绝大多数浏览器。它底层依赖矢量图形库 ZRender，支持超过 12 类图表，同时提供 7 个功能灵活高效的可交互组件，支持多图表、组件的联动和混搭展现，创新的拖曳重计算、数据视图、值域漫游等特性大大增强了用户体验，赋予了用户对数据进行挖掘、整合的能力，可以呈现出直观、生动、交互丰富、可高度个性化定制的数据可视化图表。正因为 ECharts 的优良特性，它的应用场景广泛，是热门的前端数据可视化图表库。

11.2.2　ECharts 快速上手

1. 获取 ECharts

ECharts 提供了多种安装方式，可以从 GitHub、npm 或 CDN 获取。本书介绍从 GitHub 获取的安装方式。

打开 ECharts 官网，单击下载页面下方 Assets 中的 Source code(zip)（见图 11-1），解压后 dist 目录下的 "echarts.js" 为完整的 ECharts 功能的文件。

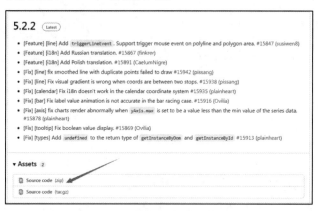

图 11-1　ECharts 官网下载页面

其中 echarts.js 是包含源代码的版本，echarts.min.js 是压缩过后的版本，项目中推荐使用压缩版本以节省资源。

2. 引入 ECharts

```
<!-- 引入下载的 ECharts 文件 -->
<script src="echarts.js"></script>
```

11.2.3 配置项

在引入 echarts.js 后，就可以开始绘制图表。在绘图前，首先需要为 ECharts 准备一个定义了高宽的 DOM 容器。示例如下：

```
<body>
  <!-- 为 ECharts 准备一个定义了宽高的 DOM -->
  <div id="main" style="width: 600px;height:400px;"></div>
</body>
```

然后通过 ECharts.init()方法初始化一个 ECharts 实例，并通过 setOption()方法生成一个图表。其中 setOption()方法需要一个配置项作为参数。配置项使用 JSON 数据格式的配置来绘制图表，包括了标题、提示信息、图例组件、X 轴、Y 轴、系列列表等选项。

【例 11-1】ECharts 快速入门

```
1  <!-- 引入 ECharts 文件 -->
2  <script src="echarts.min.js"></script>
3  <body>
4  <!-- 为 ECharts 准备一个定义了宽高的 DOM -->
5  <div id="main" style="width: 600px;height:400px;"></div>
6  <script type="text/javascript">
7    // 基于准备好的 DOM，初始化 ECharts 实例
8    var myChart = echarts.init(document.getElementById('main'));
9    // 指定图表的配置项和数据
10   var option = {
11     //图表标题
12     title: {
13       text: 'ECharts 入门示例'
14     },
15     //图例
16     legend: {
17       data: ['销量']
18     },
19     //X 轴
20     xAxis: {
21       data: ['衬衫', '羊毛衫', '雪纺衫', '裤子', '高跟鞋', '袜子']
22     },
23     //系列列表
24     series: [
25       {
26         name: '销量',// legend 对应的名称
27         type: 'bar',// 图形类型
28         data: [5, 20, 36, 10, 10, 20]// 数值
29       }
30     ]
```

```
31    };
32    // 使用刚指定的配置项和数据显示图表
33    myChart.setOption(option);
34  </script>
35  </body>
36  </html>
```

例 11-1 中,第 2 行代码引入 ECharts 文件;第 5 行代码为 ECharts 准备一个定义了宽高的 DOM;第 8 行代码调用 ECharts.init() 方法初始化一个 ECharts 实例;第 10~31 行代码指定图表的配置项和数据,包括了标题、图例、X 轴、系列列表等选项;第 33 行代码调用 setOption() 方法使用刚指定的配置项和数据显示图表。例 11-1 在 Chrome 浏览器中的运行效果,如图 11-2 所示。

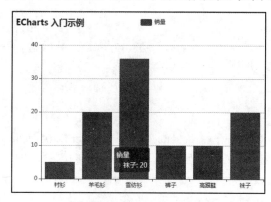

图 11-2　【例 11-1】运行效果

11.2.4　常用图表配置项

ECharts 提供了常规的折线图、柱状图、散点图、饼图、K 线图,用于统计的盒形图,用于地理数据可视化的地图、热力图、线图,用于关系数据可视化的关系图、treemap、旭日图,多维数据可视化的平行坐标,还有用于 BI 的漏斗图、仪表盘,并且支持图与图之间的混搭。图表之间主要的区别是配置项不同。本节将介绍折线图、饼图、用于地理数据可视化的地图等常用图表的配置项。

1. 折线图

常用配置项,示例如下:

【例 11-2】ECharts 折线图常用配置项

```
var option = {
    //提示信息
    tooltip: {
        trigger: 'axis',//触发类型:坐标轴触发
        //指示器
        axisPointer: {
            type: 'line',//直线指示器
            lineStyle: {
                color: '#7171C6'//指示器颜色
            }
        },
```

```
    },
    //X 轴
    xAxis: {
        type: 'category',//类目轴，适用于离散的类目数据，为该类型时必须通过 data 设置类
目数据
        data: ['Mon', 'Tue', 'Wed', 'Thu', 'Fri', 'Sat', 'Sun']//X 轴数据
    },
    //Y 轴
    yAxis: {
        type: 'value'//数值轴，适用于连续数据
    },
    //系列列表
    series: [
        {
            data: [150, 230, 224, 218, 135, 147, 260],//系列数据
            type: 'line'// 图形类型
        }
    ]
};
```

其中最重要的选项是 X 轴数据 xAxis.data 和系列数据 series[0]. data，填充不同的数据可以实现不同的折线图数据效果。配置项效果，如图 11-3 所示，完整代码详见例 11-2。

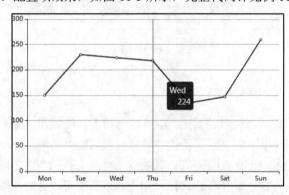

图 11-3 【例 11-2】运行效果

2. 饼图

常用配置项，示例如下：

【例 11-3】ECharts 饼图常用配置项

```
option = {
    title: {
        text: 'Referer of a Website',
        subtext: 'Fake Data',//子标题
        left: 'center'
    },
    tooltip: {
        trigger: 'item'
    },
```

```
legend: {
    orient: 'vertical',
    left: 'left'
},
series: [
    {
        name: 'Access From',//系列名称,用于 tooltip 的显示
        type: 'pie',// 图形类型
        radius: '50%',//饼图的半径
        data: [//饼图数据
            { value: 1048, name: 'Search Engine' },
            { value: 735, name: 'Direct' },
            { value: 580, name: 'Email' },
            { value: 484, name: 'Union Ads' },
            { value: 300, name: 'Video Ads' }
        ]
    }
]
};
```

其中最重要的选项是系列数据 series[0].data,填充不同的数据可以实现不同的饼图数据效果。配置项效果,如图 11-4 所示,完整代码详见例 11-3。

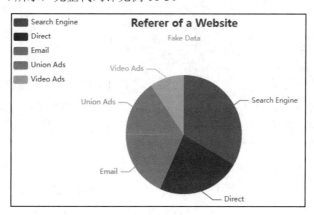

图 11-4 【例 11-3】运行效果

11.3 案例：基于 ECharts 的疫情实时监控系统设计与实现

疫情期间,各类应用系统、大数据系统为防疫抗疫带来了巨大助力。国家博物馆首次将代码列为藏品,那就是抗击疫情期间来自阿里程序员写的健康码第一行代码以及研发人员的签名。这展现了广大程序员在疫情面前,争当勇敢的"逆行者",为战"疫"贡献力量的职业担当。责任担当精神是新时代中国精神的重要组成部分。在对抗疫情中,全国人民用实际行动携手抗疫,展现出了中华民族的责任担当精神。我们要学习对抗疫情中展现的新时代责任担当精神,从而提高道德素养,培养责任担当意识;强化知识学习,培养责任担当本领;注重社会实践,培养责任担当能力;并将

疫情中的责任担当精神内化于心，外化于行。

11.3.1 案例呈现

本章将综合运用 ECMAScript、BOM、DOM 和 Ajax 等知识，实现如图 11-5 所示的基于 ECharts 的疫情实时监控系统（由于腾讯疫情数据接口关闭，请使用 VScode 安装插件 live Server 运行案例）。

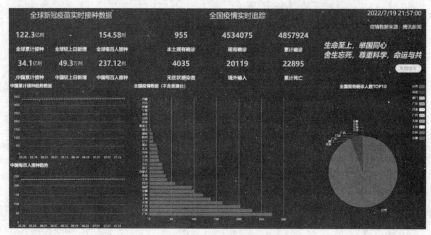

图 11-5　疫情实时监控系统界面

11.3.2 案例分析

疫情实时监控系统分为如下模块：实时时间、全球新冠疫苗实时接种数据、全国疫情实时追踪、中国累计接种趋势、中国每百人接种趋势、疫情地图、全国现有确诊人数 TOP10 和风险地区。第 10 章已经介绍过疫情数据如何通过 Ajax 技术从腾讯服务器获取，本章的主要工作是处理疫情数据，通过 ECharts 的折线图、饼图、数据地图等将数据可视化。

开始编写 JavaScript 代码前，首先创建 1 个文件夹存放用到的外部 js 文件、1 个文件夹存放 CSS 文件、1 个文件夹存放素材；然后新建 index.html 文件和 index.js 文件。在网页文件 index.html 中引入所有的 js 文件，包括 echarts.min.js、china.js、jquery.min.js 和 index.js。

示例代码如下：

```
<body>
    //此处省略其他 html 代码
<script src="js/echarts.min.js"></script>
    <script src="js/china.js"></script>
    <script src="js/jquery.min.js"></script>
    <script src="js/index.js"></script>
</body>
```

11.3.3 页面布局

由图 11-6 可知，我们可以将数据展示页面分为 9 个区域，如图 11-6 所示。页面区域的划分并不是唯一的，读者可以自行划分。HTML、CSS 代码参见配套源码。

宽30%	宽40%	宽30%

（布局图描述）

- 高10%：全球新冠疫苗实时接种数据 ｜ 全国疫情实时追踪 ｜ 实时时间 抗疫精神 风险地区
- 高25%：疫苗数据 ｜ 疫情数据
- 高35%：中国每百人接种趋势
- （中间）疫情柱状图
- （右）全国现有确诊人数 TOP10饼图
- 高30%：中国累计接种趋势数据

图 11-6　页面布局图

11.3.4　实时时间模块

利用内置对象 Date 提供的 toLocaleString()方法将时间转化为本机格式显示。使用定时器方法，每隔一秒钟执行一次函数以获取最新时间。示例代码如下：

```
function showTime(){
    //获取页面中时间显示区域，并将内容赋值为当前时间的本地格式
    document.querySelector('#kyjs-wrap .time').innerText = (new Date()).toLo
caleString();
    }
showTime();//先执行一次函数，显示当前时间
setInterval(showTime,1000); //每隔一秒执行一次函数
```

上述代码实现效果，如图 11-7 所示。

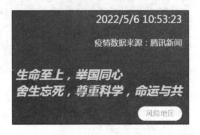

图 11-7　实时时间

11.3.5　全球新冠疫苗实时接种数据模块

（1）获取全球新冠疫苗实时接种数据及数据含义，详见【例 10-3】。
（2）将数据渲染在页面指定位置，示例代码如下：

```
1 //渲染全球累计接种数据
2 document.getElementById('world-all').innerHTML = f(data.VaccineTopData.全
```

```
球.total_vaccinations);
    3 //渲染全球较上日新增数据
    4 document.getElementById('world-add').innerHTML = f(data.VaccineTopData.全
球.new_vaccinations);
    5 //渲染全球每百人接种数据
    6 document.getElementById('world-per').innerHTML = f(data.VaccineTopData.全
球.total_vaccinations_per_hundred);
    7 //渲染中国累计接种数据
    8 document.getElementById('china-all').innerHTML = f(data.VaccineTopData.中
国.total_vaccinations);
    9 document.getElementById('china-add').innerHTML = f(data.VaccineTopData.中
国.new_vaccinations);//渲染中国较上日新增数据
    10 //渲染中国每百人接种数据
    11 document.getElementById('china-per').innerHTML = f(data.VaccineTopData.中
国.total_vaccinations_per_hundred);
    12 function f(value){//数量过亿转换为以亿计量，过万转换为以万计量
    13    if (value >= 100000000) {
    14       return (value / 100000000).toFixed(1) + "<span>亿剂<\/span>";
    15              }
    16    else if (value >= 10000){
    17       return (value / 10000).toFixed(1) + "<span>万剂<\/span>";
    18    }
    19    else
    20       return value+ "<span>剂<\/span>";
    21 }
```

上述代码中，第 1~11 行代码将 Ajax 获取的全球新冠疫苗实时接种数据显示在页面的相应位置。由于数据量较大，在显示时，封装函数 f()将疫苗数量过亿剂转换为以"亿剂"计量，过万转换为以"万剂"计量。上述代码实现效果，如图 11-8 所示。

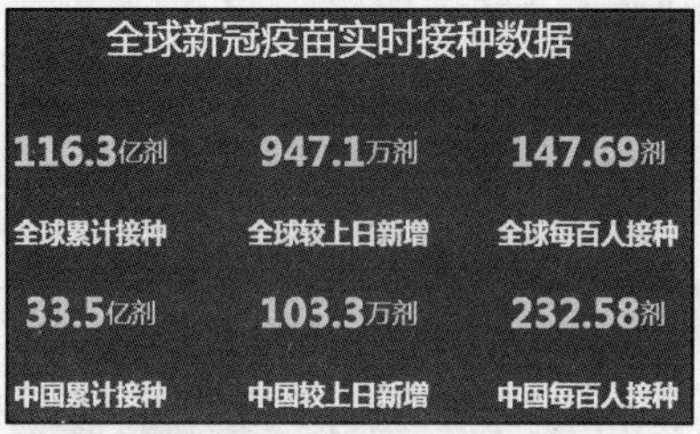

图 11-8　全球新冠疫苗实时接种数据模块

11.3.6　中国累计接种趋势数据模块

（1）获取中国累计接种趋势数据及数据含义详见【例 10-2】。

（2）设置 ECharts 折线图中的配置项，示例代码如下。完整配置项代码，详见本章配套源码中的"折线图饼图地图_配置项.js"文件。

```
var option = {
    //X 轴
    xAxis: [{
        data: []
```

```
    }],
    //Y 轴
    yAxis: [{
        axisLabel: {//坐标轴刻度标签的相关设置
            formatter: function(value) {//Y 轴文本样式自定义设置
                if (value >= 100000000) {//如果数值大于 1 亿
                    value = value / 100000000 + '亿';
                }
                return value;
            }
        }
    }],
    //系列列表
    series: [{
        type: 'line',// 图形类型
        data: []
    }]
};
```

上述代码中，option.xAxis[0].data 存储 X 轴日期数据，option.series[0].data 存储每日累计接种数据，option.yAxis[0].axisLabel.Formatter 方法自定义 Y 轴文本样式。

（3）数据渲染，填充 X 轴日期数据和系列数据，示例代码如下：

```
for(var i=0;i< data.ChinaVaccineTrendData.length;i++)
{
    option.xAxis[0].data.push(data.ChinaVaccineTrendData[i].date);
    option.series[0].data.push(data.ChinaVaccineTrendData[i].total_vaccinations);
}
```

遍历返回的中国累计接种趋势数据，将每一项的 date 属性值存入折线图配置项的 option.xAxis[0].data 中，total_vaccinations 属性值存入折线图配置项的 option.series[0].data 中，实现效果如图 11-9 所示。

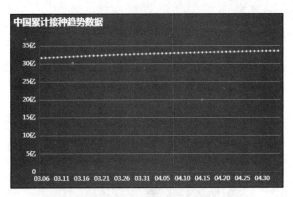

图 11-9　中国累计接种趋势数据模块

11.3.7　中国每百人接种趋势数据模块

中国每百人接种趋势数据模块与中国累计接种趋势数据模块的区别：

（1）由于数量小，配置项 option.yAxis[0].data.axisLabel.Formatter 无须自定义。

（2）total_vaccinations_per_hundred 属性保存了中国每百人接种数据；total_vaccinations 属性保存了中国累计接种数据，因此本模块将 total_vaccinations_per_hundred 属性值存入折线图配置项的 option.series[0].data 中即可，其余配置项和 JavaScript 代码无须改动。实现效果如图 11-10 所示。

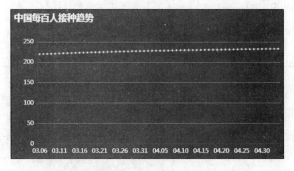

图 11-10　中国每百人接种趋势数据模块

11.3.8　全国疫情实时追踪数据模块

（1）获取全国疫情实时追踪数据及数据含义详见 10.6 节的例子"动手实践：获取全国疫情实时追踪数据.html"。

（2）将数据渲染在页面指定位置，示例代码如下：

```
//渲染本土现有确诊数据
document.getElementById('localConfirm').innerHTML =data.chinaTotal.localConfirm;
//渲染现有确诊数据
document.getElementById('nowConfirm').innerHTML =data.chinaTotal.nowConfirm;
//渲染累计确诊数据
document.getElementById('confirm').innerHTML =data.chinaTotal.confirm;
//渲染无症状感染者数据
document.getElementById('nowSevere').innerHTML =data.chinaTotal.noInfect;
//渲染境外输入数据
document.getElementById('import').innerHTML =data.chinaTotal.importedCase;
//渲染累计死亡数据
document.getElementById('dead').innerHTML =data.chinaTotal.dead;
```

上述代码实现效果，如图 11-11 所示。

全国疫情实时追踪		
11350	490934	782526
本土现有确诊	现有确诊	累计确诊
111906	18256	15372
无症状感染者	境外输入	累计死亡

图 11-11　全国疫情实时追踪数据模块

11.3.9　全国疫情柱状模块

（1）获取全国疫情实时追踪数据，代码详见 10.6 节例子"动手实践：获取全国疫情实时追踪数据.html"。

（2）全国疫情实时追踪数据格式如图 11-12 所示。其中 data.areaTree[0].children 是一个数组，每一项的 name 属性保存了省份的名称，total 属性的 nowConfirm 保存了现有确诊数。

```
▼Object 🔢
  ▼areaTree: Array(1)
    ▼0:
      ▼children: Array(34)
        ▶0: {name: '台湾', today: {…}, total: {…}, children: Array(1)}
        ▼1:
          ▶children: (14) [{…}, {…}, {…}, {…}, {…}, {…}, {…}, {…}, {…}, {…}, {…}, {…}, {…}, {…}]
          ❶name: "陕西"
          ▶today: {confirm: 123, confirmCuts: 0, isUpdated: true, tip: '', wzz_add: 0}
          ❷total: {nowConfirm: 1606, confirm: 2342, suspect: 0, dead: 3, deadRate: '0.13', …}
          ▶[[Prototype]]: Object
        ▶2: {name: '浙江', today: {…}, total: {…}, children: Array(14)}
        ▶3: {name: '香港', today: {…}, total: {…}, children: Array(1)}
        ▶4: {name: '广西', today: {…}, total: {…}, children: Array(14)}
        ▶5: {name: '上海', today: {…}, total: {…}, children: Array(20)}
```

图 11-12　全国疫情实时追踪数据

（3）设置 ECharts 柱状图中的配置项，示例代码如下。完整配置项代码，详见本书案例中的"折线图饼图柱状图_配置项.js"文件。

```
var option = {
    yAxis: {
        type: 'category',
            data: []
        },
    series: [
        {
            type: 'bar',// 图形类型
            data: []// 数值
        }
    ]
};
```

其中，在柱状图上渲染的数据保存在 option.series[0].data 中，每一个省份的名称保存在 yAxis.data 中。

（4）数据渲染，填充每一个省份的数据，示例代码如下：

```
var provinces = data.areaTree[0].children;//获取所有省份数组
for (var i = 0; i < provinces.length; i++) {
    if(provinces[i].name=='香港'||provinces[i].name=='澳门'||provinces[i].name=='台湾')
        continue;
    option.series[0].data.push(provinces[i].total.nowConfirm);
    option.yAxis.data.push(provinces[i].name);
}
```

上述代码实现效果，如图 11-13 所示。

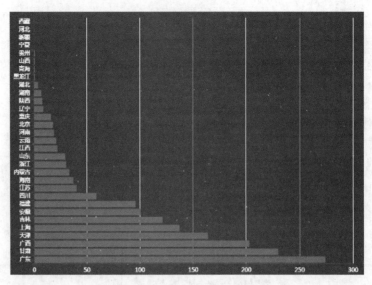

图 11-13　全国疫情柱状图模块

11.3.10　全国现有确诊人数 TOP10 模块

（1）将 11.3.9 节中获取到的每个省份的现有确诊总数进行排序，计算出排在前 10 位的省份数据。示例代码如下：

```
var provinces = data.areaTree[0].children; //获取所有省份数组
var topData = [];
//所有省份数据放入数组 topData 中
for(var i=0;i< provinces.length;i++){
    topData.push({
        'name':provinces[i].name,
        'value':provinces[i].total.nowConfirm
    });
}
// 降序排列
topData.sort(function(a,b){
    return b.value-a.value;
});
// 只保留前 10 条
topData.length = 10;
```

（2）设置 ECharts 中饼图的配置项，示例代码如下。完整配置项代码，详见本书案例中的"折线图饼图地图_配置项.js"文件。

```
var option = {
    //系列列表
    series: [
        {
            type: 'pie',// 图形类型
            data:[],//数据
        }
    ]
};
```

其中，option.series[0].data 存放渲染饼图的数据。

（3）数据渲染，填充前 10 位的省份数据，示例代码如下：

```
for(var i=0;i< topData.length;i++)
{
    option.series[0].data.push(topD
ata[i]);
}
```

上述代码运行效果，如图 11-14 所示。

11.3.11　全国疫情中高风险名单模块

（1）获取全国疫情中高风险名单及数据含义详见第 10 章例 10-5。

（2）事件监听。用户单击按钮"风险地区"弹出隐藏层，显示全国疫情中高风险名单。示例代码如下：

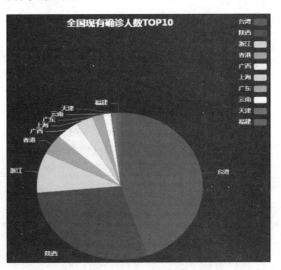

图 11-14　全国现有确诊人数 TOP10 模块

```
//获取隐藏层
var fxdqMask = document.getElementById('fxdqMask');
//绑定单击事件
document.getElementById('alertBtn').onclick = function(){
    //隐藏层显示全国疫情中高风险名单
    fxdqMask.style.display = 'block';
}
```

（3）渲染数据。示例代码如下：

```
1  //遍历全国疫情中高风险名单数组
2  for(var i=0;i<fxdqData.data.length;i++){
3      var r = document.createElement('p');
4      // fxdqData.data[i].area 代表风险地区
5      r.innerHTML = fxdqData.data[i].area;
6      // type 为 1 表示中风险地区，为 2 表示高风险地区
7      if(fxdqData.data[i].type == '2'){
8          fxdqHigh.appendChild(r);
9          count++;
10     }
11     else
12     {
13         fxdqMid.appendChild(r);
14     }
15 }
16 //高风险地区个数
17 fxdqHighTotal.innerHTML = count;
18 //中风险地区个数
19 fxdqMidTotal.innerHTML = fxdqData.data.length - count;
```

上述代码遍历全国疫情中高风险名单数组，将中高风险地区个数和地区名称显示在相应区域。实现效果如图 11-15 所示。

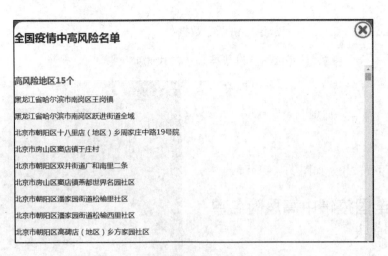

图 11-15　全国疫情中高风险名单模块

由于疫情实时数据更新时间较长，除了实时时间模块每隔一秒刷新一次之外，其余模块均每隔一段时间，再向服务器发送请求获取最新实时数据。

11.4　本章小结

本章介绍了 JavaScript 常用数据可视化框架、ECharts 和基于 ECharts 的疫情实时监控系统的设计与开发。通过本章的学习，可使读者掌握 Web 前端与服务器交互的原理和实现方法，以及前端开发必备的数据可视化技术。

11.5　实践操作练习题

1. 实现腾讯天气预报的折线图效果，效果如图 11-16 所示。

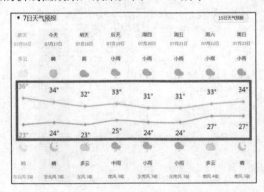

图 11-16　习题 1 效果

第12章

Vue 简介

JavaScript 有一些缺点,包括安全性低,易受到攻击;各浏览器厂商对 JavaScript 支持程度不同,在不同的设备上会以不同的方式呈现,从而导致展示效果不一致;频繁操作 DOM 带来的性能低下问题等。Web 项目开发中,开发者往往会选择 JavaScript 框架解决上述问题。JavaScript 框架是指以 JavaScript 语言为基础搭建的编程框架。它可以高效地构建 Web 人机交互界面,包括视图构建、视图状态管理、用户交互、服务端交互等。常见的 JavaScript 框架包括 Vue、React、AngularJS 等,本章将介绍 Vue 框架,它是我国在自主可控信创(信创,即信息技术应用创新产业)领域的优秀产品,也是目前绝大多数前端开发项目广泛使用的框架。

📖 **本章学习目标**

(1)了解 Vue 的优势。

(2)理解 Vue 的信创意义。

(3)掌握配置 Node.js 环境的方法。

(4)掌握安装 Vue 的方法。

(5)熟悉 vue-devtools 调试工具。

12.1 认识 Vue

12.1.1 什么是 Vue

Vue 是一套用于构建用户界面的渐进式的 JavaScript 框架,它也是一套基于 MVVM 模式的 JavaScript 框架,主要用于用户界面构建。所谓的渐进式框架,是把框架进行了分层设计,每一层都可以单独实现,所以每一层都可以替换为不同的实现方案。渐进式框架的分层结构,如图 12-1 所示。

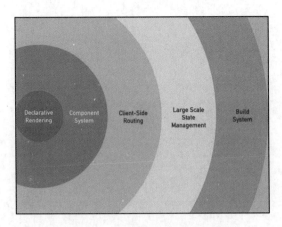

图 12-1　渐进式框架分层结构图

渐进式框架可以让开发者灵活的接入各种模块。如果系统比较简单，可以使用声明式渲染机制。而当系统复杂时，又能方便地接入组件系统，帮助开发者低成本、高效率地完成项目。Vue-router 前端路由和 Vuex 状态管理可以为开发者提供更强大的能力，完成前后端分离项目或者多组件状态共享的需求。同时，Vue 提供的构建系统可以让开发者快速构建一个脚手架项目。脚手架提供的运行环境和打包工具能方便地让开发者进行开发、调试及构建发布版本。

Vue 由尤雨溪在 2013 年发布，此后经过不断发展完善，在 2016 年 10 月完成了 2.0 版本。目前最新的版本是 3.0，发布于 2020 年 9 月，3.0 版本相对于前面的版本改动很大，相当于重写了所有功能，代码全部采用 TypeScript 编写，在这次的新版本中，框架 API 完全采用普通函数，在编写代码时可以实现完整的类型推断功能。

Vue 3.0 相对于之前的版本，有着众多的优势，总结起来，有着如下吸引人的改进。

1. 性能全面提高

Vue 3.0 对虚拟 DOM 进行了重写，同时也优化了模版编译，改进了组件初始化速度。相对于 2.x 版本，Vue 3.0 在运行速度和内存占用等方面都有着显著的性能提升。

2. 支持 Tree-shaking

Vue 3.0 会根据代码的实际情况对引入进行"剪枝"，对于没有使用的引用不会打包进项目中。这减少了用户项目发布版本的体积。

3. 组合 API

Vue 2.x 中使用了 mixin 来实现功能的复用，但同时也引入一些问题，例如很难推测某个功能是从哪个 mix 混入的。此外，对于 mixin 进来的功能，也很难进行类型推断。Vue 3.0 新增了组合 API 完美的替代了 mixin，让用户可以更加灵活地复用代码而不产生任何副作用。组合 API 很好地解决了逻辑在组件之间复用的问题，并且对类型推断进行了很好的支持。

4. 组件多节点支持

相比较于 Vue 2.x 版本，Vue 3.0 版本不再对组件有唯一根节点的要求。组件模板不再需要包装成一个根节点，而是可以有很多个节点了。

5. 任意门

Vue 3.0 提供了一种将子节点渲染到存在于父组件以外的 DOM 节点的能力。

6. 悬疑

Vue 3.0 提供了悬疑组件，用于在等待某个异步组件解析时显示后备内容。

7. 对于 TypeScript 更好的支持

Vue 3.0 完全采用 TypeScript 编写，现在用 TypeScript 开发 Vue 3.0 项目不会出现任何兼容性问题。结合 TypeScript 插件，开发人员能更加高效地进行开发，并体验良好的类型检查和自动补全等功能。

8. 自定义渲染器

开发者使用自定义渲染器，可以方便地进行自定义渲染器的开发。

12.1.2　Vue 的优势

Vue 拥有很多优势，相对于其他前端框架，它体积小，压缩后只有 33KB；拥有更高的运行效率：基于虚拟 DOM（一种可以预先通过 JavaScript 进行各种计算，把最终的 DOM 操作计算出来并优化的技术，由于这种 DOM 操作属于预处理操作，并没有真实地操作 DOM，所以叫作虚拟 DOM）；Vue 是双向数据绑定：让开发者不用再去操作 DOM 对象，把更多的精力投入到业务逻辑上；Vue 生态丰富、学习成本低，市场上拥有大量成熟、稳定的基于 Vue.js 的 UI 框架及组件，拿来即用，便于实现快速开发。

12.1.3　Vue 的信创意义

信创产业，即信息技术应用创新产业。过去很多年间，国内 IT 底层标准、架构、生态等大多数都是由国外 IT 巨头制定的，由此存在诸多安全风险。因此，我们要逐步建立基于自己的 IT 底层架构和标准，形成自有开放生态，而这也是信创产业的核心。通俗来讲，就是在核心芯片、基础硬件、操作系统、基础软件、数据服务器等领域实现国产替代。信创产业是数据安全、网络安全的基础，也是"新基建"的重要内容，将成为拉动经济发展的重要抓手之一。

信息技术应用创新发展是目前国内的一项战略，也是当今形势下国内经济发展的新动能。发展信创解决了信息安全的本质问题。Vue 作为华人尤雨溪开发的优秀前端框架，已成为我们自己可掌控、可研究、可发展、可生产的新一代信创产品，在 Web 端开发、移动端开发等领域已经成为国际化广泛应用的软件产品。它为经济数字化转型、提升产业链发展进程、强化技术体系研发、加强保障能力等方面提供了坚实保障，极大地提高了我国软件开发人员的民族自豪感和自信心。

12.2　代码编辑工具

本书沿用 VSCode 开发 Vue 应用。开发者需要在 VSCode 中安装 Vue 的语法高亮支持，这里选择 Vetur 插件。Vetur 插件是最受欢迎的 VSCode 扩展插件之一。凭借自动完成、诊断错误、代码导航和许多其他扩展功能，Vetur 可以流畅的读取和写入 ".vue" 文件。安装 Vetur 插件，开发者切换到插件 Tab 并且搜索 Vetur，单击安装按钮完成安装，如图 12-2 所示。

图 12-2　VSCode 搜索 Vetur 插件

12.3　配置 Node.js 环境

Node.js 和 Vue 之间没有直接联系，有的是相互依存的交集。开发者经常使用 Node.js 的 NPM 安装 Vue，然后再安装 Vue-cli 脚手架，最后通过 Vue-cli 脚手架构建前端项目。

Node.js 是一个开源与跨平台的 JavaScript 运行时环境，它的出现使得开发者能够在服务器端运行 JavaScript。Node.js 由 OpenJS 基金会持有和维护，同时也是 Linux 基金会的项目。Node.js 采用 Google 开发的 V8 解释器执行代码，使用事件驱动、非阻塞和异步输入输出模型等技术来提高性能，可优化应用程序的传输量和规模。Node.js 大部分基本模块都用 JavaScript 语言编写。在 Node.js 出现之前，JavaScript 通常作为客户端程序设计语言使用，写出的程序常在用户的浏览器上执行。Node.js 的出现使 JavaScript 也能用于服务端编程。Node.js 含有一系列内置模块，使得程序可以作为独立服务器执行。

Node.js 应用程序运行于单个进程中，无需为每个请求创建新的线程。Node.js 在其标准库中提供了一组异步的 I/O 原生功能（用以防止 JavaScript 代码被阻塞），并且 Node.js 中的库通常是使用非阻塞的范式编写的（从而使阻塞行为成为例外而不是规范）。Node.js 执行 I/O 操作时（例如从网络读取、访问数据库或文件系统），会在响应返回时恢复操作，而不是阻塞线程并浪费 CPU 循环等待。这使得 Node.js 可以在一台服务器上处理数千个并发连接，而避免产生管理线程并发的负担。

Node.js 具有独特的优势，它使前端开发者可以编写服务器端代码，而无须学习完全不同的语言。在 Node.js 中，可以完全使用新的 ECMAScript 标准，因为不必等待所有用户更新其浏览器，开发者可以通过更改 Node.js 版本，来决定要使用的 ECMAScript 版本，并且还可以通过运行带有标志的 Node.js 来启用特定的实验中的特性。

打开 Node.js 国内中文网站，选择下载，可以看到 Node.js 的下载页面，如图 12-3 所示。

图 12-3　Node.js 下载页面

　　根据自己系统的版本下载相应的 Node.js 安装包安装。下载页面提供最新版本和旧版本两个选项，最新版本就是目前的 Node.js 版本，而旧版本是 Node.js 的长期支持版本。长期支持版本会比较稳定，bug 较少，但是会缺少一些新版本中增加的新特性。开发者可以根据自己的实际情况进行选择。

12.4　安装 Vue

Vue 有多种安装方式，包括独立版本、CDN、NPM、脚手架等四种方式。

1. 独立版本安装

独立版本安装是将编译好的 Vue.js 下载到本地，和现有项目一起部署在服务器上，并在页面中引用。步骤如下：

步骤 01 下载 Vue.js：开发者可以在 Vue 的官网上直接下载最新版本。

步骤 02 引入 Vue.js：在 HTML 文件中用标签<script>引入 Vue.js 文件。

2. CDN 方式安装

CDN 是构建在数据网络上的一种分布式的内容分发网络。CDN 的作用是采用流媒体服务器集群技术，克服单机系统输出带宽及并发能力不足的缺点，可极大提升系统支持的并发流数目，减少或避免单点失效带来的不良影响。内容分发网络节点会在多个地点、多个不同的网络上部署。这些节点之间会动态的互相传输内容，对用户的下载行为进行优化，并借此减少内容供应者所需要的带宽成本，改善用户的下载速度，提高系统的稳定性。

　　开发者可以使用 CDN 在页面中引入 Vue.js。同时这种方式也非常简单，只需要一个提供 Vue.js 链接的稳定 CDN 服务商就可以了。示例如下：

```
<script src="CDN 地址"></script>
```

3. NPM 方式安装

在用 Vue 构建大型应用时推荐使用 NPM 方式安装。NPM 能很好地和诸如 webpack 或 Browserify 模块打包器配合使用。示例如下：

```
# 最新稳定版
$ npm install vue@next
```

这时 Vue.js 会被安装在工程目录下的/node_modules 文件夹下。如果当前工程目录中没有 node_modules 目录，则 npm 命令会自动生成 node_modules 文件夹。如果想要更新 Vue.js 版本，可以使用 npm update 命令。

```
# 最新稳定版
$ npm update vue@next
```

如果想要卸载 Vue.js，可以使用 npm uninstall 命令。

```
# 最新稳定版
$ npm uninstall vue@next
```

提示：在国内，访问 npm 源速度会有些慢。为了解决下载缓慢的问题，建议使用淘宝镜像。
　　　淘宝镜像是一个完整的 npmjs.org 镜像，并且更新及时，完全可以使用它来代官方版本。

4. 使用脚手架安装

前端脚手架是指通过选择几个选项快速搭建项目基础代码的工具。常见的 Vue.js 脚手架有 Vue CLI 和 Vite，它们都是非常优秀的脚手架工具。脚手架工具会在初始化的时候自动帮助开发者安装 Vue.js。

12.5　vue-devtools 调试工具

vue-devtools 是一款基于 Chrome 浏览器的插件，用于调试 Vue 应用，它可以极大地提高代码调试效率。vue-devtools 的安装有直接安装和手动安装两种方式。

1. 直接安装

vue-devtools 可以从 Chrome 商店下载安装，也可以下载 vue-devtools 的 crx 扩展包，在谷歌浏览器中的"扩展"中启用开发者模式，将 crx 文件拖入浏览器，启用即可。

2. 手动安装

（1）找到 vue-devtools 的 github 项目，并将其 clone 到本地。
（2）安装项目所需要的 npm 包。
（3）编译项目文件。
（4）添加至 Chrome 浏览器。

12.6　本章小结

本章介绍了 Vue 开发所需要安装的基础环境、Vue 的安装方式，以及安装 vue-devtools 来辅助项目开发和调试 Vue 项目。在项目开发中，使用 Vue CLI 构建一个空项目是最常用的手段。

12.7　本章常见面试题

1. Vue 的核心是什么?

Vue 是一套构建用户界面的渐进式自底向上增量开发的 MVVM 框架,它的核心只关注视图层,核心思想如下:

（1）数据驱动。视图的内容随着数据的改变而改变。

（2）组件化。可以增加代码的复用性、可维护性、可测试性,提高开发效率,方便重复使用,体现了高内聚低耦合的特性。

2. 什么是 MVVM?

MVVM 是 Model-View-ViewModel 的缩写,也就是把 MVC 中的 Controller 演变成 ViewModel。Model 层代表数据模型,View 代表 UI 组件,ViewModel 是 View 和 Model 层的桥梁,数据会绑定到 ViewModel 层并自动将数据渲染到页面中,视图变化的时候会通知 ViewModel 层更新数据。

3. JavaScript 与 Node.js 的区别是什么?

JavaScript 是编程语言,而 Node.js 是基于 Chrome JavaScript 运行时建立的一个平台,可用于后端建立服务器。具体区别如图 12-4 所示。

JavaScript	Node.js
JavaScript 是一种编程语言,可以在任何具有合适浏览器引擎的网络浏览器中运行。	Node.js 是一个为 JavaScript 设计的解释器和运行时环境。Node.js 内置了一些增强 JavaScript 编程功能模块。
除了 Node.js,JavaScript 用于网络应用程序的客户端,特别是用于开发动态特性。	Node.js 可以在任何操作系统上用于开发与系统硬件交互的应用程序,特别是对于 web 后端。
JavaScript 可以在不同的浏览器引擎上运行,比如 V8 (Google Chrome)、Spider Monkey (Firefox) 和JavaScript Core (Safari)。	Node.js 仅在 Chrome 使用的 V8 引擎上运行。

图 12-4　JavaScript 与 Node.js 的区别

12.8　实践操作练习题

1. 安装 Node.js。

2. 分别使用独立版本、CDN、NPM、脚手架等四种方式安装 Vue.js。

3. 安装 vue-devtools 调试工具。

第13章

Vue 基础特性

Vue 使用传统的 HTML 模板语法，这种方式能够让开发者使用声明式的语法，将 DOM 和底层组件实例的数据绑定在一起。对于 Vue 来说，所有的模板都是有效的 HTML，这些 HTML 可以被任何现代的浏览器正确地解析。但是在实际的运行中，Vue 项目并不是直接解析这些 HTML 模板，而是在项目的编译过程中，将这些模板编译为虚拟 DOM 的渲染函数，结合 Vue 的双向绑定特性，实现了应用中的数据发生改变时可以智能地进行计算，从而得到需要重新渲染和应用的最小数量的 DOM 操作，并应用在真实的浏览器 DOM 实例上。同时，Vue 也是我国优秀的信创软件框架，本章将通过在页面输出"Vue 是我国优秀的信创软件框架"案例，来介绍 Vue 的基础特性。

📖 **本章学习目标**

（1）理解 Vue 生命周期。
（2）掌握插值、表达式和过滤器。
（3）掌握编写简单 Vue 程序。

13.1 案例：输出 "Vue.js 是我国优秀的信创软件框架"

每个 Vue 应用都是通过用 Vue 函数创建一个新的 Vue 实例开始的，示例如下：

```
var vm = new Vue({
    // options
})
```

Vue 的设计虽然没有完全遵循 MVVM 模型，但是 MVVM 的设计思想对于 Vue 的影响是显而易见的，因此在 Vue 相关文档中经常会看到文档撰写者用 vm（ViewModel 的缩写）这个变量名来表示 Vue 实例。当创建一个 Vue 实例时，开发者可以传入一个选项对象，通过使用这些选项来创建和控制整个应用的行为，这也是 Vue 区别于传统 JavaScript 框架之处，开发者可以完全不关心对于页面中 DOM 的操作。

通过接下来的案例，能够对 Vue 的使用有一个直观的印象。

```
1 <body>
2   <div id='app'>
3     <!--简单文本插值-->
```

```
4      <p>{{message}}</p>
5    </div>
6    <!--使用 CDN 安装 vue-->
7    <script src=CDN 链接></script>
8    <script>
9      const app = {
10        data() {
11            return {
12                message: 'Vue.js 是我国优秀的信创软件框架'
13            };
14        }
15    };
16    const vm = Vue.createApp(app).mount('#app');
17  </script>
18  </body>
```

上述代码中，第 9~15 行代码创建了 app 对象，它是一个根组件选项对象，可以包含数据、方法、组件生命周期钩子函数等；在组件选项对象中，data 选项是一个函数，Vue 会在创建该组件的实例时使用该函数。data()函数返回值是一个数据对象，这个对象会被 Vue 加入到它的响应式监测系统中，这个过程是通过生成一个代理对象来完成的。此代理让 Vue 能够在数据对象被访问，或者值被修改时能够监听到改变，进而通知数据的依赖方，实现相应地响应或者 DOM 重新渲染。数据对象的每个属性都被视作是一个被依赖项。

第 16 行代码通过 createApp()方法传入，进而构建出应用程序自身的实例。createApp()方法是在 Vue 3.0 中引入的新方法，它解决了 Vue 2.x 全局配置带来的一些问题。实例创建完毕后，可以调用实例的 mount()方法，mount()方法接收一个 DOM 元素的 id，并通过此 id 将 Vue 组件实例挂载在这个 DOM 上，此后，这个 DOM 元素中的所有数据变化都会被框架监控，从而实现了数据的双向绑定。案例在 Chrome 浏览器中的运行效果，如图 13-1 所示。

> Vue.js是我国优秀的信创软件框架

图 13-1　案例：输出"Vue.js 是我国优秀的信创软件框架"

13.2　Vue 生命周期

Vue 生命周期是指 Vue 实例对象从创建之初到销毁的过程。Vue 所有功能的实现都是围绕其生命周期进行的，在生命周期的不同阶段调用对应的钩子函数，实现组件的数据管理和 DOM 渲染两大重要功能。

13.2.1　认识生命周期

每个 Vue 实例都会经历一个相对完整的流程，从实例开始创建、初始化数据、编译模板、挂载 Dom、渲染、更新等到最终的实例被卸载，这个流程被称作是 Vue 的生命周期。在 Vue 的整个生命周期中，框架提供了一系列的事件，可以让开发者在事件触发时注册相应的方法，从而使得开发者能够在相应的时期执行一些逻辑。Vue 实例的生命周期，如图 13-2 所示。

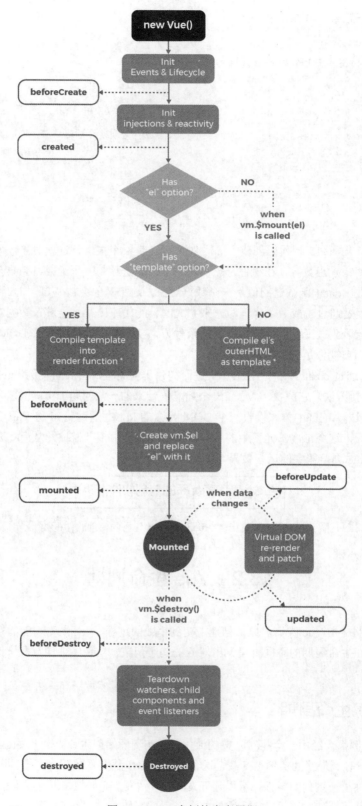

图 13-2　Vue 实例的生命周期

13.2.2　生命周期钩子函数

Vue 的生命周期分为八个阶段，每个组件实例在创建时都要经历一系列步骤。组件实例需要设置观察数据、模板编译、组件挂载和更新等。在这个过程中，组件实例会在相应的时机调用生命周期钩子函数，让开发者可以在特定阶段执行自己的代码。Vue 提供了如下生命周期钩子函数。

1. 创建前（beforeCreate）

此阶段为实例初始化之后，此时的数据观察和事件机制都未形成，不能获得 DOM 节点。

2. 创建后（created）

在这一步，实例已完成数据观测、属性和方法的运算、watch/event 事件回调，以及完成了 data 数据的初始化。然而，挂载阶段还没有开始，$el 属性目前不可见，这是一个常用的生命周期，因为可以调用 methods 中的方法，改变 data 中的数据，并且所做的修改可以通过 Vue 的响应式绑定并体现在页面上，获取 computed 中的计算属性，等等，通常可以在这里对实例进行预处理，也可以在这里发网络请求来获取服务端的数据。值得注意的是，这个周期中是没有方法来对实例化过程进行拦截的，因此假如有某些数据必须获取才允许进入页面的话，并不适合在这个方法中发请求，建议在其他环节完成数据的获取。created 示例如下：

```
Vue.createApp({
    data() {
        // 观测数据
        return { count: 1 };
    },
    created() {
        // 此处可以对数据进行修改
        console.log('count is ', this.count); // 输出: count is 1
    }
})
```

3. 载入前（beforeMount）

挂载开始之前被调用，相关的 render 函数首次被调用。此时实例已完成以下的配置：编译模板、使用 data 里面的数据和模板生成 HTML、完成了 $el 和 data 初始化，但是此时还没有挂载 HTML 到页面上。

4. 载入后（mounted）

挂载完成后调用，也就是模板中的 HTML 渲染到页面中，此时一般可以做一些网络数据请求操作，mounted 只会执行一次，但是此时获取数据时，容易出现数据尚未获得，但模板已经渲染完毕的情况。

同时在这个时刻，传递给 Vue.createApp().mount()方法的元素被 vm.$el 所替换。如果实例被挂载到一个文档内元素，则调用 mounted 时，vm.$el 也在文档内。此时实例的 HTML 已经渲染完成，所以可以找到相关的 DOM 元素。

5. 更新前（beforeUpdate）

在数据更新之前被调用，发生在虚拟 DOM 重新渲染和打补丁之前，可以在该钩子函数中进一步地更改状态，不会触发附加的重复渲染过程。

6. 更新后（updated）

在数据更改导致的虚拟 DOM 被重新渲染后调用该钩子函数。

当这个钩子函数被调用时，组件的 DOM 已经被更新，在这里对于 DOM 的操作都是安全的。但是在这个环节如果对于 data 中的数据进行修改，则容易造成死循环。对于状态的更改做出响应，最好放在监听器或者计算属性中。

7. 卸载前（beforeDestroy）

在卸载组件实例之前调用，这一步还可以用 this 来获取实例，一般在这一步做一些重置的操作，比如，清除掉组件中的定时器和监听的 DOM 事件等。

8. 销毁后（destroyed）

在实例销毁之后调用，调用后，所有的事件监听器均会被移除，所有的子实例也会被销毁，该钩子在服务器端渲染期间不被调用。

通过下面的示例代码，可以直观地看到组件的生命周期执行的顺序。

```
app.component('life-cycle', {
    template: '<div>生命周期</div>',
    data(){
        return {}
    },
    beforeCreate(){
        console.log('--------' + 'beforeCreate' + '--------');
    },
    created(){
        console.log('--------' + 'created' + '--------');
    },
    beforeMount(){
        console.log('--------' + 'beforeMount' + '--------');
    },
    mounted(){
        console.log('--------' + 'mounted' + '--------');
    },
    beforeUpdate(){
        console.log('--------' + 'beforeUpdate' + '--------');
    },
    updated(){
        console.log('--------' + 'updated' + '--------');
    },
    beforeDestroy (){
        console.log('--------' + ' beforeDestroy ' + '--------');
    },
    destroyed(){
```

```
        console.log('--------' + 'destroyed ' + '--------');
    },
});
```

13.3　插值、表达式和过滤器

13.3.1　文本插值

数据绑定最常见的形式是使用"Mustache"语法（双大括号）的文本插值，示例如下：

```
<span>Message: {{ msg }}</span>
```

Mustache 标签将会被替代为对应数据对象上 msg property 的值。无论何时，绑定的数据对象上 msg property 发生了改变，插值处的内容都会更新。

通过使用 v-once 指令，开发者也能执行一次性地插值，当数据改变时，插值处的内容不会更新。

```
<span v-once>这个将不会改变：{{ msg }}</span>
```

13.3.2　插入原始 HTML

双大括号会将数据解释为普通文本，而非 HTML 代码。为了输出真正的 HTML，开发者需要使用 v-html 指令。

```
<p>Using mustaches: {{ rawHtml }}</p>
<p>Using v-html directive: <span v-html="rawHtml"></span></p>
```

这个 span 的内容将会被替换成为 property 值 rawHtml，直接作为 HTML 会忽略解析 property 值中的数据绑定。注意，不能使用 v-html 来复合局部模板，因为 Vue 不是基于字符串的模板引擎。反之，对于用户界面，组件更适合作为可重用和可组合的基本单位。

13.3.3　使用 JavaScript 表达式

Vue 对于所有的数据绑定，都提供了完全的 JavaScript 表达式支持。示例如下：

```
{{ number + 1 }}
{{ ok ? 'YES' : 'NO' }}
{{ message.split('').reverse().join('') }}
<div v-bind:id="'list-' + id"></div>
```

这些表达式会在所属 Vue 实例的数据作用域下作为 JavaScript 被解析。有个限制就是，每个绑定都只能包含单个表达式，所以下面的例子都不会生效。

```
<!-- 这是语句，不是表达式 -->
{{ var a = 1 }}
<!-- 流控制也不会生效，请使用三元表达式 -->
{{ if (ok) { return message } }}
```

13.4 本章小结

本章介绍了 Vue 开发的基础特性，并且讲解了 Vue 实例创建方式。正确认识 Vue 的生命周期和各类相关钩子函数是开发 Vue 工程项目的基础，同时阐述了插值和表达式的基本用法。Vue 是我国在自主可控信创领域的优秀产品，也是目前绝大多数前端开发项目广泛使用的框架，学习和掌握 Vue 的基础特性是为进一步开发完整项目工程打下坚实的基础。

提示：如果要对 Vue.js 框架进行深入学习，可以选用清华大学出版社出版的《Vue.js 3.x 高效前端开发（视频教学版）》。

13.5 本章常见面试题

1. 请简述 Vue 的生命周期。

Vue 的生命周期就是 Vue 实例创建到实例销毁的过程。期间会调用到 8 个钩子函数。

（1）beforeCreate（创建实例）。
（2）created（创建完成）。
（3）beforeMount（开始创建模板）。
（4）mounted（创建完成）。
（5）beforeUpdate（开始更新）。
（6）updated（更新完成）。
（7）beforeDestroy（开始销毁）。
（8）destroyed（销毁完成）。

2. DOM 渲染在那个生命周期阶段内完成。

DOM 渲染在 mounted 周期中就已经完成。

3. Vue 生命周期的作用。

开发者可以在生命周期的不同阶段添加自己的处理代码。

13.6 实践操作练习题

使用 Vue 改写第 1 章练习题，效果如图 13-3 所示。

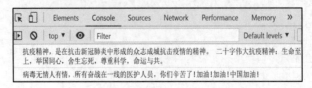

图 13-3 练习题效果图